BIM工程造价实训校企合作系列教材

BIM 建筑工程计量与计价实训（江苏版）

BIM Jianzhu Gongcheng
Jiliang yu Jijia Shixun

（第2版）

主　编　刘　霞

副主编　张玲玲

重庆大学出版社

内容提要

本书分建筑工程计量和建筑工程计价上、下两篇。上篇建筑工程计量详细介绍了如何识图，如何从清单定额和平法图集角度进行分析，确定算什么，如何算的问题；讲解了如何应用广联达 BIM 土建计量平台 GTJ2018 软件完成工程量的计算。下篇建筑工程计价主要介绍了如何运用广联达云计价平台 GCCP5.0 完成工程量清单计价的全过程，并提供了报表实例。通过本书的学习，学生可以掌握正确的算量流程和组价流程，掌握软件的应用方法，能够独立完成工程量计算和清单计价。

本书可作为高校工程造价专业的实训教材，也可作为 GIAC 工程造价电算化应用技能认证考试教材，以及建筑工程技术、工程管理等专业的教学参考用书和岗位技能培训教材。

图书在版编目（CIP）数据

BIM 建筑工程计量与计价实训：江苏版／刘霞主编
. -- 2 版. -- 重庆：重庆大学出版社，2023.1（2024.1）
BIM 工程造价实训校企合作系列教材
ISBN 978-7-5689-2273-9

Ⅰ. ①B⋯　Ⅱ. ①刘⋯　Ⅲ. ①建筑工程—计量—教材
②建筑造价—教材　Ⅳ. ①TU723.32

中国国家版本馆 CIP 数据核字（2023）第 006870 号

BIM 工程造价实训校企合作系列教材
BIM 建筑工程计量与计价实训（江苏版）
（第 2 版）
主　编　刘　霞
策划编辑：林青山　刘颖果
责任编辑：林青山　姜　凤　　版式设计：林青山
责任校对：王　倩　　　　责任印制：赵　晟

*

重庆大学出版社出版发行
出版人：陈晓阳
社址：重庆市沙坪坝区大学城西路 21 号
邮编：401331
电话：(023)88617190　88617185（中小学）
传真：(023)88617186　88617166
网址：http://www.cqup.com.cn
邮箱：fxk@ cqup.com.cn（营销中心）
全国新华书店经销
重庆亘鑫印务有限公司印刷

*

开本：787mm×1092mm　1/16　印张：22.75　字数：569 千
2020 年 9 月第 1 版　2023 年 1 月第 2 版　2024 年 1 月第 5 次印刷
印数：9 501—12 000
ISBN 978-7-5689-2273-9　定价：59.00 元

出版说明

随着科学技术日新月异的发展,近两年"云、大、移、智"等技术深刻影响到社会的方方面面,数字建筑时代也悄然到来。建筑业传统建造模式已不再符合可持续发展的要求,迫切需要利用以信息技术为代表的现代科技手段,实现中国建筑产业转型升级与跨越式发展。在国家政策倡导下,积极探索基于信息化技术的现代建筑业的新材料、新工艺、新技术发展模式已成大势所趋。中国建筑产业转型升级就是以互联化、集成化、数据化、智能化的信息化手段为有效支撑,通过技术创新与管理创新,带动企业与人员能力的提升,最终实现建造过程、运营过程、建筑及基础设施产品三方面的升级。数字建筑集成了人员、流程、数据、技术和业务系统,管理建筑物从规划、设计开始到施工、运维的全生命周期。数字时代,建筑将呈现数字化、在线化、智能化的"三化"新特性,建筑全生命周期也呈现出全过程、全要素、全参与方的"三全"新特征。

在工程造价领域,住房和城乡建设部于 2017 年发布《工程造价事业发展"十三五"规划》的通知,提出要加强对市场价格信息、造价指标指数、工程案例信息等各类型、各专业造价信息的综合开发利用。提出利用"云+ 大数据"技术丰富多元化信息服务种类,培育全过程工程咨询,建立健全合作机制,促进多元化平台良性发展。提出了大力推进 BIM 技术在工程造价事业中的应用,大力发展以 BIM、大数据、云计算为代表的先进技术,从而提升信息服务能力,构建信息服务体系。造价改革顶层设计为工程造价领域指出了以数据为核心的发展方向,也为数字化指明了方向。

产业深刻变革的背后,需要新型人才。为了顺应新时代、新建筑、新教育的趋势,广联达科技股份有限公司(以下简称"广联达公司")再次联合国内各大院校,组织编写新版《BIM

工程造价实训校企合作系列教材》,以帮助院校培养建筑行业的新型人才。新版教材编制框架分为 7 个部分,具体如下:

①图纸分析:解决识图的问题。

②业务分析:从清单、定额两个方面进行分析,解决本工程要算什么以及如何算的问题。

③如何应用软件进行计算。

④本阶段的实战任务。

⑤工程实战分析。

⑥练习与思考。

⑦知识拓展。

新版教材、配套资源以及授课模式讲解如下:

1.系列教材及配套资源

本系列教材包含案例图集《1 号办公楼施工图(含土建和安装)》和分地区版的《BIM 建筑工程计量与计价实训》两本教材配套使用。为了方便教师开展教学,与目前新清单、新定额、16G 平法相配套,切实提高实际教学质量,按照新的内容全面更新实训教学配套资源。具体教学资源如下:

①BIM 建筑工程计量与计价实训教学指南。

②BIM 建筑工程计量与计价实训授课 PPT。

③BIM 建筑工程计量与计价实训教学参考视频。

④BIM 建筑工程计量与计价实训阶段参考答案。

2.教学软件

①广联达 BIM 土建计量平台 GTJ。

②广联达云计价平台 GCCP5.0。

③广联达测评认证考试平台 4.0:学生提交土建工程/计价工程成果后自动评分,出具评分报告,并自动汇总全班成绩,快速掌握学生的作答提交数据和学习情况。

以上所列除教材以外的资料,由广联达公司以课程的方式提供。

3.教学授课模式

在授课方式上,建议老师采用"团建八步教学法"模式进行教学,充分合理、有效利用课程资料包的所有内容,高效完成教学任务,提升课堂教学效果。

何为团建? 团建就是将班级学生按照成绩优劣等情况合理地搭配分成若干个小组,有效地形成若干个团队,形成共同学习、相互帮助的小团队。同时,老师引导各个团队形成不同的班级管理职能小组(学习小组、纪律小组、服务小组、娱乐小组等)。授课时老师组织引导各职能小组发挥作用,帮助老师有效管理课堂和自主组织学习。本授课方法主要以组建团队为主导,以团建的形式培养学生自我组织学习、自我管理,形成团队意识、竞争意识。在实训过程中,所有学生以小组团队身份出现。老师按照"八步教学"的步骤,首先对整个实训工程案例进行切片式阶段任务设计,每个阶段任务利用"八步教学"法合理贯穿实施。整个课程利用我们提供的教学资料包进行教学,备、教、练、考、评一体化课堂设计,老师主要扮演组织者、引导者角色,学生作为实训学习的主体,发挥主要作用,实训效果在学生身上得到充分体现。

"八步教学"授课操作流程如下:

第一步,明确任务:本堂课的任务是什么;该任务是在什么情境下;该任务的计算范围(哪些项目需要计算,哪些项目不需要计算)。

第二步,识图与业务分析(结合案例图纸):以团队的方式进行图纸及业务分析,找出各任务中涉及构件的关键参数及图纸说明,从定额、清单两个角度进行业务分析,确定算什么,如何算。

第三步,观看视频与上机演示:老师采用播放完整的案例操作及业务讲解视频,也可以自行根据需要上机演示操作,主要是明确本阶段的软件应用的重要功能,操作上机的重点及难点。

第四步,任务实战:老师根据已布置的任务,规定完成任务的时间,团队学生自己动手操作,配合老师辅导指引,在规定时间内完成阶段任务。学生在规定时间内完成任务后,提交个人成果至考试平台自动评分,得出个人成绩;老师在考试平台直接查看学生的提交情况和成绩汇总。

第五步,组内对量:评分完毕后,学生根据每个人的成绩,在小组内利用云对比进行对量,讨论完成对量问题,如找问题、查错误、优劣搭配、自我提升。老师要求每个小组最终出具一份能代表小组实力的结果文件。

第六步,小组 PK:每个小组上交最终成功文件后,老师再次使用评分软件进行评分,测出各个小组的成绩优劣,希望能通过此成绩刺激小组的团队意识以及学习动力。

第七步,二次对量:老师下发标准答案,学生再次利用云对比与标准答案进行结果对比,从而找出错误点加以改正。掌握本堂课所有内容,提升自己的能力。

第八步,总结及拓展:学生小组及个人总结;老师针对本堂课的情况进行总结及知识拓展,最终共同完成本堂课的教学任务。

随着高校对实训教学的深入开展,广联达教育事业部造价组联合全国高校资深专业教师,倾力打造完美的造价实训课程。

本书由广联达科技股份有限公司和日照职业技术学院、山东水利职业学院、枣庄科技职业学院联合编写,广联达科技股份有限公司负责组织制定编写四路及大纲,苏州建设交通高等职业技术学校工程管理系刘霞担任主编;广联达公司张玲玲担任副主编。具体编写分工如下:广联达公司张玲玲负责编写绪论、第 1 章及附录,苏州建设交通高等职业技术学校刘霞负责编写第 1—15 章。

本系列教材在编写过程中,虽然经过反复斟酌和校对,但由于时间紧迫、编者能力有限,书中难免存在不足之处,诚望广大读者提出宝贵意见,以便再版时修改完善。

张玲玲

2019 年 7 月于北京

目录
CONTENTS

下篇　建筑工程计价

0 绪 论

1) BIM 给造价行业带来的优势

(1) 提高工程量的准确性

从理论上讲,从工程图纸上得出的工程量是一个唯一确定的数值,然而不同的造价人员由于受各自的专业知识水平所限,他们对图纸的理解不同,最后会得到不同的数据。利用BIM 技术计算工程量,主要是运用三维图形算量软件中的建模法和数据导入法进行。建模法是在计算机中绘制建筑物基础、墙、柱、梁、板、楼梯等构件模型图,然后软件根据设置的清单和定额工程量计算规则,充分利用几何数学的原理自动计算工程量。计算时以楼层为单位,在计算机界面中输入相关构件数据,建立整栋楼层基础、墙、柱、梁、板、楼梯等的建筑模型,根据建好的模型进行工程量计算。数据导入法是将工程图纸的 CAD 电子文档直接导入三维图形算量软件,软件会智能识别工程设计图中的各种建筑结构构件,快速虚拟出仿真建筑,结合对构件属性的定义,以及对构件进行转化就能准确计算出工程量。这两种基于 BIM技术计算工程量的方法,不仅可以减少造价人员对经验的依赖,同时还可以使工程量的计算更加准确真实。BIM 的 5D 模型可以为整个项目的各个时期的造价管理提供精确依据,再通过模型获得施工各个时期甚至任意时间段的工程量,从而大大降低了造价人员的计算量,极大地提高了工程量的准确性。

(2) 提升工程结算效率

工程结算中一个比较麻烦的问题就是核对工程量。尤其对单价合同而言,在单价确定的情况下,工程量对合同总价的影响甚大,因此核对工程量就显得尤为重要。钢筋、模板、混凝土、脚手架等在工程中被大量采用的材料,都是造价工程师核对工程量的要点,需要耗费大量的时间和精力。BIM 技术引入后,承包商利用 BIM 模型对该施工阶段的工程量进行一定的修改及深化,并将其包含在竣工资料里提交给业主,经过设计单位审核后,作为竣工图的一个最主要组成部分转交给咨询公司进行竣工结算,施工单位和咨询公司基于这个 BIM模型导出的工程量是一致的。这就意味着承包商在提交竣工模型的同时也提交了工程量,设计单位在审核模型的同时就已经审核了工程量。也就是说,只要是项目参与人员,无论是咨询单位、设计单位,还是施工单位或业主,所有获得这个 BIM 模型的人,得到的工程量都是一样的,从而大大提高了工程结算的效率。

(3) 提高核心竞争力

造价人员是否会被 BIM 技术所取代呢? 其实不然,只要造价人员积极了解 BIM 技术给造价行业带来的变革,积极提升自身的能力,就不会被取代。

当然,如果造价人员的核心竞争力仅体现在对数字、计算等简单重复的工作,那么软件的高度自动化计算一定会取代造价人员。相反,如果造价人员能够掌握一些软件很难取代的知识，比如精通清单、定额、项目管理等，BIM 软件还将成为提高造价人员专业能力的好帮手。因此，BIM 技术的引入和普及发展，不过是淘汰专业技术能力差的从业人员。算量是基础，软件只是减少了工作强度，这样会让造价人员的工作不再局限于算量这一小部分，而是上升到对整个项目的全面掌控，例如全过程造价管理、项目管理、精通合同、施工技术、法律法规等，掌握这些能显著提高造价人员核心竞争力的专业能力，将会为造价人员带来更好的职业发展。

2）BIM 在全过程造价管理中的应用

（1）BIM 在投资决策阶段的应用

投资决策阶段是建设项目最关键的一个阶段，它对项目工程造价的影响高达 70%～90%，利用 BIM 技术，可以通过相关的造价信息以及 BIM 数据模型来比较精确地预估不可预见费用，减少风险，从而更加准确地确定投资估算。在进行多方案比选时，还可通过 BIM 技术进行方案的造价对比，选择更合理的方案。

（2）BIM 在设计阶段的应用

设计阶段对整个项目工程造价管理有十分重要的影响。通过 BIM 模型的信息交流平台，各参与方可以在早期介入建设工程中。在设计阶段使用的主要措施是限额设计，通过它可以对工程变更进行合理控制，确保总投资不增加。完成建设工程设计图纸后，将图纸内的构成要素通过 BIM 数据库与相应的造价信息相关联，实现限额设计的目标。

在设计交底和图纸审查时，通过 BIM 技术，可以将与图纸相关的各个内容汇总到 BIM 平台进行审核。利用 BIM 的可视化模拟功能，进行模拟、碰撞检查，减少设计失误，降低因设计错误或设计冲突导致的返工费用，实现设计方案在经济和技术上的最优。

（3）BIM 在招投标阶段的应用

BIM 技术的推广与应用，极大地提高了招投标管理的精细化程度和管理水平。招标单位通过 BIM 模型可以准确计算出招标所需的工程量，编制招标文件，最大限度地减少施工阶段因工程量问题产生的纠纷。投标单位的经济标是基于较为准确的模型工程量清单基础上制订的，同时可利用 BIM 模型进一步完善施工组织设计，进行重大施工方案预演，做出较为优质的技术标，从而综合有效地制订本单位的投标策略，提高中标率。

（4）BIM 在施工阶段的应用

在进度款支付时，往往会因为数据难以统一而花费大量的时间和精力，利用 BIM 技术中的 5D 模型可以直观地反映不同建设时间点的工程量完成情况，并及时进行调整。BIM 还可以将招投标文件、工程量清单、进度审核预算等进行汇总，便于成本测算和工程款的支付。另外，利用 BIM 技术的虚拟碰撞检查，可以在施工前发现并解决碰撞问题，有效地减少变更次数，从而有利于控制工程成本，加快工程进度。

（5）BIM 在竣工验收阶段的应用

传统模式下的竣工验收阶段，造价人员需要核对工程量，重新整理资料，计算细化到柱、梁，由于造价人员的经验水平和计算逻辑不尽相同，因此在对量过程中经常产生争议。

BIM 模型可将前几个阶段的量价信息进行汇总，真实完整地记录了建设全过程发生的各项数据,提高工程结算效率并更好地控制建造成本。

3) BIM 对建设工程全过程造价管理模式带来的改变

(1)建设工程项目采购模式的选择变化

建设工程全过程造价管理作为建设工程项目管理的一部分,其能否顺利开展和实施与建设工程项目采购模式(承发包模式)是密切相关的。

目前,在我国建设工程领域应用最为广泛的采购模式是 DBB 模式,即设计—招标—施工模式。在 DBB 模式下应用 BIM 技术,可为设计单位提供更好的设计软件和工具,增强设计效果,但是由于缺乏各阶段、各参与方之间的共同协作,BIM 技术作为信息共享平台的作用和价值将难以实现,BIM 技术在全过程造价管理中的应用价值将被大大削弱。

相对于 DBB 模式,在我国目前的建设工程市场环境下,DB 模式(设计—施工模式)更加有利于 BIM 的实施。在 DB 模式下,总承包商从项目开始到项目结束都承担着总的管理及协调工作,有利于 BIM 在全过程造价管理中的实施,但是该模式下也存在着业主过于依赖总承包商的风险。

(2)工作方式的变化

传统的建设工程全过程造价管理是从建设工程项目投资决策开始,到竣工验收直至试运行投产为止,对所有的建设阶段进行全方位、全面的造价控制和管理,其工作方式多为业主主导,具体由一家造价咨询单位承担全过程的造价管理工作。这种工作方式能够有效避免多头管理,利于明确职责与风险,使全过程造价管理工作系统地开展与实施。但在这种工作方式下,项目参建各方无法有效融入造价管理全过程。

在基于 BIM 的全过程造价管理体系下,全过程造价管理工作不再仅仅是造价咨询单位的职责,甚至不是由其承担主要职责。项目各参与方在早期便介入项目中,共同进行全过程造价管理,工作方式不再是传统的由造价咨询单位与各个参与方之间的"点对点"的形式,而是各个参与方之间的造价信息都聚集在 BIM 信息共享平台上,组成信息"面"。因此,工作方式变成造价咨询单位、各个项目参与方与 BIM 平台之间的"点对面"的形式,信息的交流从"点"升级为"面",信息传递更为及时、准确,造价管理的工作效率也更高。

(3)组织架构的变化

传统的建设工程全过程造价管理的工作组织架构较为简单,负责全过程造价管理的造价咨询单位是组织架构中的主导,各参与方之间的造价管理人员配合造价咨询单位完成全过程造价管理工作。

在基于 BIM 的建设工程全过程造价管理体系下,各参与方最理想的组织架构应该是类似于集成项目交付(Integrated Project Delivery,IPD)模式下的组织架构,即由各参与方抽调具备基于 BIM 技术能力的造价管理人员,组建基于 BIM 的造价管理工作小组(该工作小组不再以造价咨询单位为主导,甚至可以不再需要造价咨询单位的参与)。这个基于 BIM 的造价管理工作小组以业主为主导,从建设工程项目投资决策阶段开始,到项目竣工验收直至试运行投产为止,贯穿建设工程的所有阶段,涉及所有项目参与方,承担建设工程全过程的造价管理工作。这种组织架构有利于 BIM 信息流的集成与共享,有利于各阶段之间、各参与方之间造价管理工作的协调与合作,有利于建设工程全过程造价管理工作的开展与实施。

国外大量成功的实践案例证明,只有找到适合 BIM 特点的项目采购模式、工作方式、组织架构,才能更好地发挥 BIM 的应用价值,才能更好地促进基于 BIM 的建设工程全过程造价管理体系的实施。

4) 将 BIM 应用于建设工程全过程造价管理的障碍

(1)具备基于 BIM 的造价管理能力的专业人才缺乏

基于 BIM 的建设工程全过程造价管理,要求造价管理人员在早期便参与到建设工程项目中来,参与决策、设计、招投标、施工、竣工验收等全过程,从技术、经济的角度出发,在精通造价管理知识的基础上,熟知 BIM 应用技术,制订基于 BIM 的造价管理措施及方法,能够通过 BIM 进行各项造价管理工作的实施,与各参与方之间进行信息共享、组织协调等工作,这对造价管理人员的素质要求更为严格。显然,在我国目前的建筑业环境中,既懂 BIM,又精通造价管理的人才十分缺乏,这些都不利于我国 BIM 技术的应用及推广。

(2)基于 BIM 的建设工程全过程造价管理应用模式障碍

BIM 意味着一种全新的行业模式,而传统的工程承发包模式并不足以支持 BIM 的实施,因此需要一种新的适应 BIM 特征的建设工程项目承发包模式。目前应用最为广泛的 BIM 应用模式是集成产品开发(Integrated Product Development,IPD)模式,即把建设单位、设计单位、施工单位及材料设备供应商等集合在一起,各方基于 BIM 进行有效合作,优化建设工程的各个阶段,减少浪费,实现建设工程效益最大化,进而促进基于 BIM 的全过程造价管理的顺利实施。IPD 模式在建设工程中收到了很好的效果,然而即使在国外,也是通过长期的摸索,最终形成了相应的制度及合约模板,才使得 IPD 模式的推广应用成为可能。将 BIM 技术引入我国建筑业中,IPD 是一个很好的可供借鉴的应用模式,然而由于我国当前的建筑工程市场还不成熟,相应的制度还需进一步完善,与国外的应用环境差别较大,因此 IPD 模式在我国的应用及推广也会面临很多问题。

上篇

建筑工程计量

1 算量基础知识

通过本章的学习,你将能够:
(1)掌握软件算量的基本原理;
(2)掌握软件算量的操作流程;
(3)掌握软件绘图学习的重点;
(4)能够正确识读建筑施工图和结构施工图。

1.1 软件算量的基本原理

通过本节的学习,你将能够:
掌握软件算量的基本原理。

建筑工程量的计算是一项工作量大而繁重的工作,工程量计算的算量工具也随着信息化技术的发展,经历算盘、计算器、计算机表格、计算机建模几个阶段,如图 1.1 所示。现在我们采用的是通过建筑模型进行工程量的计算。

图 1.1

目前,建筑设计输出的图纸绝大多数采用二维设计,提供建筑的平、立、剖面图纸,对建筑物进行表达。而建模算量则是将建筑平、立、剖面图结合,建立建筑的空间模型。模型的正确建立可以准确地表达各类构件之间的空间位置关系,土建算量软件则按计算规则计算各类构件的工程量,构件之间的扣减关系则根据模型由程序进行处理,从而准确计算出各类构件的工程量。为方便工程量的调用,将工程量以代码的方式提供,套用清单与定额时可以直接套用,如图 1.2 所示。

图 1.2

使用土建算量软件进行工程量计算,已经从手工计算的大量书写与计算转化为建立建筑模型。但无论用手工算量还是软件算量,都有一个基本的要求,那就是知道算什么以及如何算。知道算什么,是做好算量工作的第一步,也就是业务关,手工算量、软件算量只是采用了不同的手段而已。

软件算量的重点:一是快速地按照图纸的要求,建立建筑模型;二是将算出来的工程量和工程量清单及定额进行关联;三是掌握特殊构件的处理及灵活应用。

1.2 软件算量操作

通过本节的学习,你将能够:
描述软件算量的基本操作流程。

在进行实际工程的绘制和计算时,GTJ 相对以往的 GCL 与 GGJ 来说,在操作上有很多相同的地方,但在流程上更加有逻辑性,也更简便,大体流程如图 1.3 所示。

图 1.3

1)分析图纸

拿到图纸后应先分析图纸,熟悉工程建筑结构图纸说明,正确识读图纸。

2)新建工程/打开文件

启动软件后,会出现新建工程的界面,左键单击即可,如果已有工程文件,单击打开文件即可,详细步骤见"2.1 节新建工程"部分内容。

3)工程设置

工程设置包括基本设置、土建设置和钢筋设置三大部分。在基本设置中可以进行工程信息和楼层设置;在土建设置中可以进行计算设置和计算规则设置;在钢筋设置中可以进行计算设置、比重设置、弯钩设置、损耗设置和弯曲调整值设置。

4)建立模型

建立模型有两种方式:第一种是通过 CAD 识别,第二种是通过手工绘制。CAD 识别包括识别构件和识别图元。手工绘制包括定义属性、套用做法及绘制图元。在建模过程中,可以通过建立轴网→建立构件→设置属性/做法套用→绘制构件完成建模。轴网的创建可以为整个模型的创建确定基准,建立构件包括柱、墙、门窗洞、梁、板、楼梯、装修、土方、基础等构件的创建。新创建出的构件需要设置属性,并进行做法套用,包括清单和定额项的套用。最后,在绘图区域将构件绘制到相应的位置即可完成建模。

5)云检查

模型绘制好后可以进行云检查,软件会从业务方面检查构件图元之间的逻辑关系。

6)汇总计算

云检查无误后,进行汇总计算,计算钢筋和土建工程量。

7)查量

汇总计算后,查看钢筋和土建工程量,包括查看钢筋三维显示、钢筋及土建工程量的计算式。

8)查看报表

最后是查看报表,包括钢筋报表和土建报表。

【说明】

在进行构件绘制时,针对不同的结构类型,采用不同的绘制顺序,一般为:

剪力墙结构:剪力墙→门窗洞→暗柱/端柱→暗梁/连梁。

框架结构:柱→梁→板→砌体墙部分。

砖混结构:砖墙→门窗洞→构造柱→圈梁。

软件做工程的处理流程一般为:

先地上、后地下:首层→二层→三层→……→顶层→基础层。

先主体、后零星:柱→梁→板→基础→楼梯→零星构件。

1.3 软件绘图学习的重点——点、线、面的绘制

通过本节的学习,你将能够:
掌握软件绘图的重点。

GTJ2018主要是通过绘图建立模型的方式来进行工程量的计算,构件图元的绘制是软件使用中的重要部分。对绘图方式的了解是学习软件算量的基础,下面概括介绍软件中构件的图元形式和常用的绘制方法。

1)构件图元的分类

工程实际中的构件按照图元形状可分为点状构件、线状构件和面状构件。

①点状构件包括柱、门窗洞口、独立基础、桩、桩承台等。

②线状构件包括梁、墙、条基等。

③面状构件包括现浇板、筏板等。

不同形状的构件,有不同的绘制方法。下面主要介绍一些最常用的"点"画法和"直线"画法。

2)"点"画法和"直线"画法

(1)"点"画法

"点"画法适用于点状构件(如柱)和部分面状构件(如现浇板),其操作方法如下:

①在"构件工具条"中选择一种已经定义的构件,如KZ-1,如图1.4所示。

图1.4

②在"建模"选项卡下的"绘图"面板中选择"点",如图1.5所示。

图1.5

③在绘图区,用鼠标左键单击一点作为构件的插入点,完成绘制。

(2)"直线"画法

"直线"绘制主要用于线状构件(如梁和墙),当需要绘制一条或多条连续直线时,可以采用绘制"直线"的方式,其操作方法如下:

①在"构件工具条"中选择一种已经定义好的构件,如墙QTQ-1。

②在"建模"选项卡下的"绘图"面板中选择"直线",如图1.6所示。

图 1.6

③用鼠标点取第一点,再点取第二点即可画出一道墙,再点取第三点,就可以在第二点和第三点之间画出第二道墙,以此类推。这种画法是系统默认的画法。当需要在连续画的中间从一点直接跳到一个不连续的地方时,先单击鼠标右键临时中断,然后再到新的轴线交点上继续点取第一点开始连续画图,如图 1.7 所示。

图 1.7

1.4 建筑施工图

通过本节的学习,你将能够:
(1)熟悉建筑设计总说明的主要内容;
(2)熟悉建筑施工图及其详图的重要信息。

对于房屋建筑土建施工图纸,大多数分为建筑施工图和结构施工图。建筑施工图纸大多由总平面布置图、建筑设计说明、各层平面图、立面图、剖面图、楼梯详图、节点详图等组成。下面就这些分类结合《1 号办公楼施工图(含土建和安装)》分别对其功能、特点逐一介绍。

1)总平面布置图

(1)概念

建筑总平面布置图表明新建房屋所在基础有关范围内的总体布置,它反映新建、拟建、原有和拆除的房屋、构筑物等的位置和朝向,室外场地、道路、绿化等的布置,地形、地貌、标高等以及原有环境的关系和邻界情况等。建筑总平面图也是房屋及其他设施施工的定位、土方施工以及绘制水、暖、电等管线总平面图和施工总平面图的依据。

（2）对编制工程预算的作用

①结合拟建建筑物位置，确定塔吊的位置及数量。

②结合场地总平面位置情况，考虑是否存在二次搬运。

③结合拟建工程与原有建筑物的位置关系，考虑土方支护、放坡、土方堆放调配等问题。

④结合拟建工程之间的关系，综合考虑建筑物的共有构件等问题。

2）建筑设计说明

（1）概念

建筑设计说明是对拟建建筑物的总体说明。

（2）包含的主要内容

①建筑施工图目录。

②设计依据：设计所依据的标准、规范、规定、文件等。

③工程概况：内容一般应包括建筑名称、建设地点、建设单位、建筑面积、建筑基底面积、建筑工程等级、设计使用年限、建筑层数和建筑高度、防火设计建筑分类和耐火等级，人防工程防护等级、屋面防水等级、地下室防水等级、抗震设防烈度等，以及能反映建筑规模的主要技术经济指标，如住宅的套型和套数（包括每套的建筑面积、使用面积、阳台建筑面积，房间的使用面积可在平面图中标注）、旅馆的客房间数和床位数、医院的门诊人次和住院部的床位数、车库的停车泊位数等。

④建筑物定位及设计标高、高度。

⑤图例。

⑥用料说明和室内外装修。

⑦对采用新技术、新材料的做法说明及对特殊建筑造型和必要建筑构造的说明。

⑧门窗表及门窗性能（防火、隔声、防护、抗风压、保温、空气渗透、雨水渗透等）、用料、颜色、玻璃、五金件等的设计要求。

⑨幕墙工程（包括玻璃、金属、石材等）及特殊的屋面工程（包括金属、玻璃、膜结构等）的性能及制作要求，平面图、预埋件安装图等，以及防火、安全、隔声构造。

⑩电梯（自动扶梯）选择及性能说明（功能、载重量、速度、停站数、提升高度等）。

⑪墙体及楼板预留孔洞需封堵时的封堵方式说明。

⑫其他需要说明的问题。

3）各层平面图

在窗台上边用一个水平剖切面将房子水平剖开，移去上半部分、从上向下透视它的下半部分，可看到房子的四周外墙和墙上的门窗、内墙和墙上的门，以及房子周围的散水、台阶等。将看到的部分都画出来，并注上尺寸，就是平面图。

4）立面图

在与房屋立面平行的投影面上所作房屋的正投影图，称为建筑立面图，简称立面图。其中，反映主要出入口或比较显著地反映房屋外貌特征的那一面的立面图，称为正立面图，其余的立面图相应地称为背立面图和侧立面图。

5)剖面图

剖面图的作用是对无法在平面图及立面图上表述清楚的局部剖切,以表述清楚建筑内部的构造,从而补充说明平面图、立面图所不能显示的建筑物内部信息。

6)楼梯详图

楼梯详图由楼梯剖面图、平面图组成。由于平面图、立面图只能显示楼梯的位置,而无法清楚显示楼梯的走向、踏步、标高、栏杆等细部信息,因此设计中一般把楼梯用详图表达。

7)节点详图表示方法

为了补充说明建筑物细部的构造,从建筑物的平面图、立面图中特意引出需要说明的部位,对相应部位作进一步详细描述就构成了节点详图。下面就节点详图的表示方法作简要说明。

①被索引的详图在同一张图纸内,如图1.8所示。

图 1.8

②被索引的详图不在同一张图纸内,如图1.9所示。

图 1.9

③被索引的详图参见图集,如图1.10所示。

图 1.10

④索引的剖视详图在同一张图纸内,如图1.11所示。

图 1.11

⑤索引的剖视详图不在同一张图纸内,如图1.12所示。

图 1.12

1.5 结构施工图

通过本节的学习,你将能够:

(1)熟悉结构设计总说明的主要内容;

(2)熟悉结构施工图及其详图的重要信息。

结构施工图纸一般包括图纸目录、结构设计总说明、基础平面图及其详图、墙柱定位图、各层结构平面图(模板图、板配筋图、梁配筋图)、墙柱配筋图及其留洞图、楼梯及其他构筑物详图(水池、坡道、电梯机房、挡土墙等)。

对造价工作者来讲,结构施工图主要是计算混凝土、模板、钢筋等工程量,进而计算其造价,而为了计算这些工程量,还需要了解建筑物的钢筋配置、摆放信息,了解建筑物的基础及其垫层、墙、梁、板、柱、楼梯等的混凝土强度等级、截面尺寸、高度、长度、厚度、位置等信息,预算角度也着重从这些方面加以详细阅读。下面结合《1号办公楼施工图(含土建和安装)》分别对其功能、特点逐一介绍。

1)结构设计总说明

(1)主要内容

①工程概况:建筑物的位置、面积、层数、结构抗震类别、设防烈度、抗震等级、建筑物合理使用年限等。

②工程地质情况:土质情况、地下水位等。

③设计依据。

④结构材料类型、规格、强度等级等。

⑤分类说明建筑物各部位设计要点、构造及注意事项等。

⑥需要说明的隐蔽部位的构造详图,如后浇带加强、洞口加强筋、锚拉筋、预埋件等。

⑦重要部位图例等。

(2)编制预算时需注意的问题

①建筑物抗震等级、设防烈度、檐高、结构类型等信息,作为钢筋搭接、锚固的计算依据。

②土质情况,作为针对土方工程组价的依据。

③地下水位情况,考虑是否需要采取降排水措施。

④混凝土强度等级、保护层等信息,作为查套定额、计算钢筋的依据。

⑤钢筋接头的设置要求,作为计算钢筋的依据。

⑥砌体构造要求,包括构造柱、圈梁的设置位置及配筋、过梁的参考图集、砌体加固钢筋的设置要求或参考图集,作为计算圈梁、构造柱、过梁的工程量及钢筋量的依据。

⑦砌体的材质及砌筑砂浆要求,作为套砌体定额的依据。

⑧其他文字性要求或详图,有时不在结构平面图纸中画出,但应计算其工程量,举例如下:

　　a.现浇板分布钢筋;

　　b.施工缝止水带;

　　c.次梁加筋、吊筋;

　　d.洞口加强筋;

　　e.后浇带加强钢筋等。

2)桩基平面图

编制预算时需注意的问题:

①桩基类型,结合"结构总说明"中的地质情况,考虑施工方法及相应定额子目。

②桩基钢筋详图,是否存在铁件,用来准确计算桩基钢筋及铁件工程量。

③桩顶标高,用来考虑挖桩间土方等因素。

④桩长。

⑤桩与基础的连接详图,考虑是否存在凿截桩头情况。

⑥其他计算桩基需要考虑的问题。

3)基础平面图及其详图

编制预算时需注意的问题:

①基础类型是什么?决定查套的子目。例如,需要注意判断是有梁式条基还是无梁式条基?

②基础详图情况,帮助理解基础构造,特别注意基础标高、厚度、形状等信息,了解在基础上生根的柱、墙等构件的标高及插筋情况。

③注意基础平面图及详图的设计说明,有些内容不画在平面图上,而是以文字的形式表达。

4)柱子平面布置图及柱表

编制预算时需注意的问题:

①对照柱子位置信息(b边、h边的偏心情况)及梁、板、建筑平面图柱的位置,从而理解柱子作为支座类构件的准确位置,为以后计算梁、墙、板等工程量做准备。

②柱子不同标高部位的配筋及截面信息(常以柱表或平面标注的形式出现)。

③特别注意柱子生根部位及高度截止信息,为理解柱子高度信息做准备。

5)梁平面布置图

编制预算时需注意的问题:

①结合剪力墙平面布置图、柱平面布置图、板平面布置图综合理解梁的位置信息。

②结合柱子位置,理解梁跨的信息,进一步理解主梁、次梁的概念及在计算工程量过程中的次序。

③注意图纸说明,捕捉关于次梁加筋、吊筋、构造钢筋的文字说明信息,防止漏项。

6)板平面布置图

编制预算时需注意的问题:

①结合图纸说明,阅读不同板厚的位置信息。

②结合图纸说明,理解受力筋范围信息。

③结合图纸说明,理解负弯矩钢筋的范围及其分布筋信息。

④仔细阅读图纸说明,捕捉关于洞口加强筋、阳角加筋、温度筋等信息,防止漏项。

7)楼梯结构详图

编制预算时需注意的问题:

①结合建筑平面图,了解不同楼梯的位置。

②结合建筑立面图、剖面图,理解楼梯的使用性能(举例:1#楼梯仅从首层通至3层,2#楼梯从负1层可以通往18层等)。

③结合建筑楼梯详图及楼层的层高、标高等信息,理解不同踏步板的数量、休息平台、平台的标高及尺寸。

④结合图纸说明及相应踏步板的钢筋信息,理解楼梯钢筋的布置情况,注意分布筋的特殊要求。

⑤结合详图及位置,阅读梯板厚度、宽度及长度,平台厚度及面积,楼梯井宽度等信息,为计算楼梯实际混凝土体积做准备。

1.6　图纸修订说明

1)室外装修设计

1.屋面

屋面1:不上人屋面[卷材防水屋面(建筑找坡)(防水等级为Ⅱ级)]。

①50 mm厚C30细石混凝土,内配筋A4@200双向,设分隔缝(钢筋必须断开),缝宽20 mm,缝内嵌防水油膏;

②10 mm厚1:3石灰砂浆隔离层;

③2.0 mm厚聚氨酯两遍涂抹防水层,四周卷起250 mm高;

④20 mm厚1:3水泥砂浆找平层;

⑤30 mm厚复合材料保温板(A级);

⑥20 mm厚1:3水泥砂浆找平层;

⑦现浇屋面板。

2.外墙面

(1)外墙1:面砖外墙

①墙面砖规格200 mm×300 mm;

②6 mm 厚1:0.1:2.5 混合砂浆黏结层;

③12 mm 厚1:3水泥砂浆打底抹灰;

④热镀锌钢丝网;

⑤25 mm 厚保温聚苯乙烯挤塑板;

⑥专用黏结层;

⑦20 mm 厚1:3水泥砂浆找平,内掺3%防水剂;

⑧刷界面处理剂一道;

⑨钢筋混凝土或砌块墙。

注:墙体外保温的技术要求见《发泡陶瓷板保温系统应用技术规程》。

(2)外墙2:干挂大理石外墙

①石材开槽固定在不锈钢挂件上;

②固定不锈钢挂件;

③6 mm 厚抗裂砂浆保护层;

④镀锌钢丝网锚固件卡紧;

⑤25 mm 厚保温聚苯乙烯挤塑板;

⑥12 mm 厚1:3聚合物水泥防水砂浆找平;

⑦刷界面处理剂一道;

⑧基层墙体。

(3)外墙3:涂料外墙

①外墙涂料;

②20 mm 厚混合砂浆;

③8 mm 厚防裂抗渗剂砂浆防护面层;

④20 mm 厚1:3水泥砂浆找平层;

⑤满布0.3 mm 钢丝网;

⑥基层墙体。

2) 室外装修设计

1.地面

(1)地面1:大理石地面

①20 mm 厚大理石板,稀水泥擦缝;

②撒素水泥面(洒适量清水);

③地下室P8 抗渗钢筋混凝土自防水底板;

④4 mm 厚SBS 改性沥青防水卷材;

⑤100 mm 厚C15 混凝土垫层。

另:所有地面与墙面均附加300 mm 宽防水卷材300 mm 高。

（2）地面2：防滑地砖地面

①10 mm 厚防滑地砖，干水泥擦缝；

②撒素水泥面（洒适量清水）；

③地下室 P8 抗渗钢筋混凝土自防水底板；

④4 mm 厚 SBS 改性沥青防水卷材；

⑤100 mm 厚 C15 混凝土垫层。

另：所有地面与墙面均附加 300 mm 宽防水卷材 300 mm 高。

（3）地面3：地砖地面

①10 mm 厚地砖，建筑胶黏剂粘铺，稀水泥浆碱擦缝；

②干硬性水泥砂浆黏结层；

③素水泥结合层一道；

④地下室 P8 抗渗钢筋混凝土自防水底板；

⑤4 mm 厚 SBS 改性沥青防水卷材；

⑥100 mm 厚 C15 混凝土垫层。

另：所有地面与墙面均附加 300 mm 宽防水卷材 300 mm 高。

（4）地面4：水泥地面

①20 mm 厚 1:3 水泥砂浆抹面压实赶光；

②素水泥浆一道（内掺建筑胶）；

③地下室 P8 抗渗钢筋混凝土自防水底板，底板顶部找坡，详结施；

④4 mm 厚 SBS 改性沥青防水卷材；

⑤100 mm 厚 C15 混凝土垫层；

⑥以下基础处理详结施。

另：所有地面与墙面均附加 300 mm 宽防水卷材 300 mm 高。

2.楼面

（1）楼面1：地砖楼面

①10 mm 厚地砖，白水泥擦缝（规格、尺寸、色彩另定）；

②5 mm 厚 1:1 水泥细砂浆结合层；

③20 mm 厚 1:3 水泥砂浆找坡找平；

④钢筋混凝土楼板。

（2）楼面2：防滑地砖楼面

①10 mm 厚防滑地砖，白水泥擦缝（规格、尺寸、色彩另定）；

②5 mm 厚 1:1 水泥细砂浆结合层；

③20 mm 厚 1:3 水泥砂浆找坡找平；

④1.5 mm 厚聚氨酯两遍涂抹防水层 四周卷起 300 mm 高；

⑤钢筋混凝土楼板。

（3）楼面3：大理石楼面

①20 mm 厚光面大理石；

②5 mm 厚 1:1 水泥细砂浆结合层；

③20 mm 厚 1:3 水泥砂浆找平层;

④钢筋混凝土楼板随捣随抹。

(4)楼面 4:水泥楼面

①20 mm 厚 1:3 水泥砂浆压实赶光;

②30 mm 厚细石混凝土;

③钢筋混凝土楼板。

3.踢脚

(1)踢脚 1:地砖踢脚 $H=100$

①100 mm 高地砖(颜色同楼地面);

②6 mm 厚 1:1 水泥砂浆粉面压实抹光;

③12 mm 厚 1:3 水泥砂浆打底。

(2)踢脚 2:大理石踢脚 $H=100$

①20 mm 厚大理石板,稀水泥浆擦缝;

②20 mm 厚 1:3 水泥砂浆灌缝。

(3)踢脚 3:水泥踢脚 $H=100$

①6 mm 厚 1:2 水泥砂浆罩面压实赶光;

②素水泥浆一道;

③6 mm 厚 1:3 水泥砂浆打底扫毛。

4.内墙裙

墙裙 1:大理石板墙裙

①稀水泥浆擦缝;

②贴 10 mm 厚大理石板,正、背面及四周边满刷防污剂;

③素水泥浆一道;

④6 mm 厚 1:0.5:2.5 水泥石灰膏砂浆罩面;

⑤8 mm 厚 1:3 水泥砂浆打底扫毛划出纹道;

⑥素水泥浆一道甩毛(内掺建筑胶)。

5.内墙面

(1)内墙 1:涂料墙面

①刷白色内墙涂料;

②10 mm 厚 1:2 水泥砂浆粉面压实抹光;

③3 mm 厚耐碱玻纤网格布一层;

④15 mm 厚 1:3:9 水泥石灰砂浆打底。

(2)内墙 2:瓷砖墙面

①8 mm 厚瓷砖白水泥擦缝高度至吊顶上 50 mm;

②6 mm 厚 1:0.1:2.5 水泥石灰砂浆结合层;

③20 mm 厚 1:2.5 水泥砂浆保护层;

④1.5 mm 厚聚氨酯涂膜防水($h=1\ 800$)。

6. 天棚

天棚 1:抹灰天棚

①刷内墙涂料;

②6 mm 厚 1:1:6 混合砂浆粉面;

③6 mm 厚 1:3 聚合物水泥砂浆打底;

④刷素水泥浆一道(内掺水重 3%~5% 建筑胶)。

7. 吊顶

(1)吊顶 1:铝合金条板吊顶

①现浇钢筋混凝土楼板;

②1 mm 厚铝合金板面层;

③铝合金中龙骨⊥32×24×1.2,中距等于板材宽度;

④轻钢大龙骨 60×30×1.5(吊点附吊挂),中距 900 mm;

⑤铝合金横撑⊥32×24×1.2,中距等于板材宽度;

⑥A8 钢筋吊杆,双向吊点、中距 900 mm。

(2)吊顶 2:矿棉板吊顶

①现浇钢筋混凝土楼板;

②600 mm×600 mm 矿棉板;

③轻钢中龙骨 19×50×0.5,中距 900 mm;

④A8 钢筋吊杆,双向吊点@900~1200;

⑤钢筋混凝土板内埋 A6 铁环,双向中短 1000 mm。

3)砌体墙

陶粒空心砖的墙体材质替换为:轻骨料混凝土小型空心砌块。

4)防水设计

屋面雨水采用 φ110 PVC 管排水方式。

2 建筑工程量计算准备工作

通过本章的学习,你将能够:

(1)正确选择清单与定额规则,以及相应的清单库和定额库;

(2)正确选择钢筋规则;

(3)正确设置室内外高差及输入工程信息;

(4)正确定义楼层及统一设置各类构件混凝土强度等级;

(5)正确进行工程计算设置;

(6)按图纸定义绘制轴网。

2.1 新建工程

通过本节的学习,你将能够:

(1)正确选择清单与定额规则,以及相应的清单库和定额库;

(2)正确选择钢筋规则;

(3)区分做法模式。

一、任务说明

根据《1号办公楼施工图(含土建和安装)》,在软件中完成新建工程的各项设置。

二、任务分析

①清单与定额规则及相应的清单库和定额库都是做什么用的?

②清单规则和定额规则如何选择?

③钢筋规则如何选择?

三、任务实施

1)分析图纸

在新建工程前,应先分析图纸中的"结构设计总说明(一)"。"四、本工程设计所遵循的标准、规范规程"中第6条《混凝土结构施工图平面整体表示方法制图规则和构造详图》16G101—1、2、3,软件算量要依照此规定。

2)新建工程

①在分析图纸、了解工程的基本概况之后,启动软件,进入软件"开始"界面,如图 2.1 所示。

图 2.1

②鼠标左键单击界面上的"新建工程",进入新建工程界面,输入各项工程信息。工程名称:按工程图纸名称输入,保存时会作为默认的文件名。本工程名称输入为"1 号办公楼"。

计算规则:如图 2.2 所示。

图 2.2

平法规则:选择"16 系平法规则"。

单击"创建工程",即完成了工程的新建。

四、任务结果

任务结果如图 2.2 所示。

2.2 工程设置

通过本节的学习,你将能够:

(1)正确进行工程信息输入;

(2)正确进行工程计算设置。

一、任务说明

根据《1 号办公楼施工图（含土建和安装》，在软件中完成新建工程的各项设置。

二、任务分析

①软件中新建工程的各项设置都有哪些？

②室外地坪标高的设置如何查询？

三、任务实施

创建工程后，进入软件界面，如图 2.3 所示，分别对基本设置、土建设置、钢筋设置进行修改。

图 2.3

1）基本设置

首先对基本设置中的工程信息进行修改，单击"工程信息"，出现如图 2.4 所示的界面。

图 2.4

蓝色字体部分必须填写，黑色字体所示信息只起标识作用，可以不填，不影响计算结果。

由图纸结施-01（1）可知，结构类型为框架结构；抗震设防烈度为 7 度；框架抗震等级为三级。

由图纸建施-09可知：

室外地坪相对±0.000标高：-0.45 m。

檐高：14.85 m（设计室外地坪到屋面板板顶的高度：14.4 m+0.45 m=14.85 m）。

【注意】

①抗震等级由结构类型、设防烈度、檐高3项确定。

②若已知抗震等级，可不必填写结构类型、设防烈度、檐高3项。

③抗震等级必须填写，其余部分可以不填，不影响计算结果。

填写信息如图2.5所示。

图2.5

2）土建设置

土建规则在前面"创建工程"时已选择，此处不需要修改。

3）钢筋设置

①"计算设置"修改，如图2.6所示。

a.修改梁计算设置：在结施-05中，说明"4.主次梁交接处，主梁内次梁两侧按右图各附加3根箍筋，间距50 mm，直径同主梁箍筋"。

单击"框架梁"，修改"26.次梁两侧共增加箍筋数量"为"6"，如图2.7所示。

b.修改板计算设置：在结施-01（2）中，"（7）板内分布钢筋（包括楼梯跑板），除注明者外见表2.1"。

图 2.6

图 2.7

表 2.1 板内分布钢筋

楼板厚度(mm)	≤110	120~160
分布钢筋配置	φ 6@ 200	φ 8@ 200

单击"板",修改"3.分布钢筋配置"为"同一板厚的分布筋相同",如图 2.8 所示,单击"确定"按钮即可。

查看各层板结构施工图,"跨板受力筋标注长度位置"为"支座外边线","板中间支座负筋标注是否含支座"为"否","单边标注支座负筋标注长度位置"为"支座内边线",修改后如图 2.9 所示。

图 2.8

板	20	跨中板带下部受力筋伸入支座的长度	max(ha/2,12*d)
基础	21	跨中板带上部受力筋伸入支座的长度	0.6*Lab+15*d
基础主梁 / 承台梁	22	柱上板带受力筋根数计算方式	向上取整+1
基础次梁	23	跨中板带受力筋根数计算方式	向上取整+1
	24	柱上板带/板带暗梁的箍筋起始位置	距柱边50 mm
砌体结构	25	柱上板带/板带暗梁的箍筋加密长度	3*h
其他	26	跨板受力筋标注长度位置	支座外边线
	27	柱上板带暗梁部位是否扣除平行板带筋	是
	28	□ 负筋	
	29	单标注负筋锚入支座的长度	能直锚就直锚,否则按公式计算:ha-bhc+15*d
	30	板中间支座负筋标注是否含支座	否
	31	单边标注支座负筋标注长度位置	支座内边线

图 2.9

②"搭接设置"修改。结施-01(1),"八、钢筋混凝土结构构造"中"2.钢筋接头形式及要求"下"(1)框架梁、框架柱当受力钢筋直径大于等于16 mm时,采用直螺纹机械连接,接头性能等级为一级;当受力钢筋直径小于16 mm时,可采用绑扎搭接。"单击并修改"搭接设置",如图2.10所示。

	钢筋直径范围	连接形式								墙柱垂直筋定尺	其余钢筋定尺
		基础	框架梁	非框架梁	柱	板	墙水平筋	墙垂直筋	其他		
1	□ HPB235,HPB300										
2	3~10	绑扎	绑扎	绑扎	绑扎	绑扎	绑扎	绑扎	绑扎	12000	12000
3	12~14	绑扎	绑扎	绑扎	绑扎	绑扎	绑扎	绑扎	绑扎	9000	9000
4	16~22	直螺纹连接	直螺纹连接	直螺纹连接	直螺纹连接	直螺纹连接	直螺纹连接	电渣压力焊	电渣压力焊	9000	9000
5	25~32	套管挤压	直螺纹连接	直螺纹连接	直螺纹连接	套管挤压	套管挤压	套管挤压	套管挤压	9000	9000
6	□ HRB335,HRB335E,HRBF335,HRBF335E										
7	3~10	绑扎	绑扎	绑扎	绑扎	绑扎	绑扎	绑扎	绑扎	12000	12000
8	12~14	绑扎	绑扎	绑扎	绑扎	绑扎	绑扎	绑扎	绑扎	9000	9000
9	16~22	直螺纹连接	直螺纹连接	直螺纹连接	直螺纹连接	直螺纹连接	直螺纹连接	电渣压力焊	电渣压力焊	9000	9000
10	25~50	套管挤压	直螺纹连接	直螺纹连接	直螺纹连接	套管挤压	套管挤压	套管挤压	套管挤压	9000	9000
11	□ HRB400,HRB400E,HRBF400,HRBF400E,RR...										
12	3~10	绑扎	绑扎	绑扎	绑扎	绑扎	绑扎	绑扎	绑扎	12000	12000
13	12~14	绑扎	绑扎	绑扎	绑扎	绑扎	绑扎	绑扎	绑扎	9000	9000
14	16~22	直螺纹连接	直螺纹连接	直螺纹连接	直螺纹连接	直螺纹连接	直螺纹连接	电渣压力焊	电渣压力焊	9000	9000
15	25~50	套管挤压	直螺纹连接	直螺纹连接	直螺纹连接	套管挤压	套管挤压	套管挤压	套管挤压	9000	9000
16	□ 冷轧带肋钢筋										
17	4~10	绑扎	绑扎	绑扎	绑扎	绑扎	绑扎	绑扎	绑扎	12000	12000
18	10.5~12	绑扎	绑扎	绑扎	绑扎	绑扎	绑扎	绑扎	绑扎	9000	9000
19	□ 冷轧扭钢筋										
20	6.5~10	绑扎	绑扎	绑扎	绑扎	绑扎	绑扎	绑扎	绑扎	12000	12000
21	12~14	绑扎	绑扎	绑扎	绑扎	绑扎	绑扎	绑扎	绑扎	9000	9000

图 2.10

③比重设置修改。单击比重设置,进入"比重设置"对话框。将直径为 6.5 mm 的钢筋比重复制到直径为 6 mm 的钢筋比重中,如图 2.11 所示。

图 2.11

【注意】

市面上直径 6 mm 的钢筋较少,一般采用 6.5 mm 的钢筋。

其余不需要修改。

四、任务结果
见以上各图。

2.3 新建楼层

通过本小节的学习,你将能够:

(1)定义楼层;

(2)定义各类构件混凝土强度等级设置。

一、任务说明
根据《1 号办公楼施工图(含土建和安装)》,在软件中完成新建工程的楼层设置。

二、任务分析
①软件中新建工程的楼层应如何设置?

②如何对楼层进行添加或删除操作?

③各层对混凝土强度等级、砂浆标号的设置,对哪些操作有影响?

④工程楼层的设置应依据建筑标高还是结构标高? 区别是什么?

⑤基础层的标高应如何设置?

三、任务实施

1)分析图纸

层高按照《1 号办公楼施工图(含土建和安装)》结施-05 中"结构层楼面标高表"建立,见表 2.2。

表 2.2　结构层楼面标高表

楼层	层底标高(m)	层高(m)
屋顶	14.4	
4	11.05	3.35
3	7.45	3.6
2	3.85	3.6
1	−0.05	3.9
−1	−3.95	3.9

2)建立楼层

(1)楼层设置

单击"工程设置"→"楼层设置",进入"楼层设置"界面,如图 2.12 所示。

图 2.12

鼠标定位在首层，单击"插入楼层"，则插入地上楼层；鼠标定位在基础层，单击"插入楼层"，则插入地下室。按照楼层表（表2.2）修改层高。

①软件默认给出首层和基础层。

②首层的结构底标高输入为−0.05 m，层高输入为3.9 m，板厚本层最常用的为120 mm。鼠标左键选择首层所在的行，单击"插入楼层"，添加第2层，2层高输入为3.6 m，最常用的板厚为120 mm。

③按照建立2层同样的方法，建立3和4层，3层高为3.6 m，4层层高为3.35 m。

④用鼠标左键选择基础层所在的行，"插入楼层"添加地下一层，地下一层的层高为3.9 m。

修改层高后，如图2.13所示。

		楼层名称	层高(m)	底标高(m)	相同层数	板厚(mm)	建筑面积(m2)
□	5	第5层	0.9	14.4	1	120	(0)
□	4	第4层	3.35	11.05	1	120	(0)
□	3	第3层	3.6	7.45	1	120	(0)
□	2	第2层	3.6	3.85	1	120	(0)
☑	1	首层	3.9	-0.05	1	120	(0)
□	-1	第-1层	3.9	-3.95	1	120	(0)
□	0	基础层	2.35	-6.3	1	500	(0)

图 2.13

（2）混凝土强度等级及保护层厚度修改

在结施-01（1）"七、主要结构材料"的"2.混凝土"中，混凝土强度等级见表2.3。

表 2.3　混凝土强度等级

混凝土所在部位	混凝土强度等级	备注
基础垫层	C15	
独立基础、地梁	C30	
基础层~屋面主体结构：墙、柱、梁、板、楼梯	C30	
其余各结构构件：构造柱、过梁、圈梁等	C25	

在结施-01（1）"八、钢筋混凝土结构构造"中，钢筋的混凝土保护层厚度信息如下：
基础钢筋：40 mm；梁：20 mm；柱：25 mm；板：15 mm。

【注意】
　　各部分钢筋的混凝土保护层厚度同时应满足不小于钢筋直径的要求。

混凝土强度分别修改后，如图2.14所示。

在建施-01、结施-01（1）中提到砌块墙体、砖墙都为M5水泥砂浆砌筑，修改砂浆类型为水泥砂浆。保护层依据结施-01（1）说明依次修改即可。

首层修改完成后，单击左下角"复制到其他楼层"，如图2.15所示。

图 2.14

图 2.15

完成选择其他所有楼层,单击"确定"按钮即可,如图 2.16 所示。最后,根据结施-01(3)修改负一层及基础层。

四、任务结果

完成楼层设置,如图 2.17 所示。

图 2.16

图 2.17

2.4

2.4 建立轴网

通过本小节的学习,你将能够:

(1)按图纸定义轴网;

(2)对轴网进行二次编辑。

一、任务说明

根据《1号办公楼施工图（含土建和安装）》，在软件中完成轴网建立。

二、任务分析

①建施与结施图中，采用什么图的轴网最全面？
②轴网中上下开间、左右进深如何确定？

三、任务实施

1）建立轴网

楼层建立完毕后需要建立轴网。施工时是用放线来定位建筑物的位置，使用软件做工程时则是用轴网来定位构件的位置。

（1）分析图纸

由建施-03可知，该工程的轴网是简单的正交轴网，上下开间的轴距相同，左右进深的轴距也都相同。

（2）轴网的定义

①选择导航树中的"轴线"→"轴网"，单击鼠标右键，选择"定义"按钮，将软件切换到轴网的定义界面。

②单击"新建"按钮，选择"新建正交轴网"，新建"轴网-1"。

③输入"下开间"，在"常用值"下面的列表中选择要输入的轴距，双击鼠标即添加到轴距中；或者在添加按钮下的输入框中输入相应的轴网间距，单击"添加"按钮或回车即可，按照图纸从左到右的顺序，"下开间"依次输入3300，6000，6000，7200，6000，6000，3300，因为上下开间轴距相同，所以上开间可以不输入轴距。

④切换到"左进深"的输入界面，按照图纸从下到上的顺序，依次输入左进深的轴距为2500，4700，2100，6900。修改轴号分别为Ⓐ，⑴ᵃ，Ⓑ，Ⓒ，Ⓓ。因为左右进深的轴距相同，所以右进深可以不输入轴距。

⑤可以看到，右侧的轴网图显示区域已经显示了定义的轴网，轴网定义完成。

2）轴网的绘制

（1）绘制轴网

①轴网定义完毕后，切换到绘图界面。

②弹出"请输入角度"对话框，提示用户输入定义轴网需要旋转的角度。本工程轴网为水平竖直方向的正交轴网，旋转角度按软件默认输入"0"即可，如图2.18所示。

图2.18

③单击"确定"按钮,绘图区显示轴网,这样就完成了对本工程轴网的定义和绘制。

如果要将右进深、上开间的轴号和轴距显示出来,在绘图区域,用鼠标右键单击"修改轴号位置",按住鼠标左键拉框选择所有轴线,按右键确定;选择"两端标注",然后单击"确定"按钮即可,如图 2.19 所示。

图 2.19

(2)轴网的其他功能

①设置插入点:用于轴网拼接,可以任意设置插入点(不在轴线交点处或在整个轴网外都可以设置)。

②修改轴号和轴距:当检查到已经绘制的轴网有错误时,可以直接修改。

③软件提供了辅助轴线用于构件辅轴定位。辅轴在任意界面都可以直接添加。辅轴主要有两点、平行、点角、圆弧。

四、任务结果

完成轴网,如图 2.20 所示。

图 2.20

五、总结拓展

①新建工程中,主要确定工程名称、计算规则以及做法模式。蓝色字体的参数值影响工程量,按照图纸输入,其他信息只起标识作用。

②首层标记在楼层列表中的首层列,可以选择某一层作为首层。勾选后,该层作为首层,相邻楼层的编码自动变化,基础层的编码不变。

③底标高是指各层的结构底标高。软件中只允许修改首层的底标高,其他层底标高自动按层高反算。

④相同板厚是软件给出的默认值,可以按工程图纸中最常用的板厚设置;在绘图输入新建板时,会自动默认取这里设置的数值。

⑤可以按照结构设计总说明对应构件选择混凝土强度等级和砂浆标号及类型、保护层厚度。对修改的混凝土强度等级和砂浆标号及类型、保护层厚度,软件会以反色显示。在首层输入相应的数值完毕后,可以使用右下角的"复制到其他楼层"命令,把首层的数值复制到参数相同的楼层。各个楼层的楼层设置完成后,就完成了对工程楼层的建立,可以进入"绘图输入"进行建模计算。

⑥有关轴网的编辑、辅助轴线的详细操作,请查阅"帮助"菜单中的文字帮助→绘图输入→轴线。

⑦建立轴网时,输入轴距有两种方法:常用的数值可以直接双击;常用值中没有的数据直接添加即可。

⑧当上下开间或者左右进深的轴距不一样时(即错轴),可以使用轴号自动生成功能将轴号排序。

⑨比较常用的建立辅助轴线的功能:二点辅轴(直接选择两个点绘制辅助轴线);平行辅轴(建立平行于任意一条轴线的辅助轴线);圆弧辅轴(可以通过选择 3 个点绘制辅助轴线)。

⑩在任何界面下都可以添加辅轴。轴网绘制完成后,就进入"绘图输入"部分。"绘图输入"部分可以按照后面章节的流程进行。

3 首层工程量计算

通过本章的学习,你将能够:

(1)定义柱、墙、板、梁、门窗、楼梯等构件;

(2)绘制柱、墙、板、梁、门窗、楼梯等图元;

(3)掌握飘窗、过梁在 GTJ2018 软件中的处理方法;

(4)掌握暗柱、连梁在 GTJ2018 软件中的处理方法。

3.1 首层柱工程量计算

通过本节的学习,你将能够:

(1)依据定额和清单确定柱的分类及工程量计算规则;

(2)依据平法、定额和清单确定柱的钢筋的类型及工程量计算规则;

(3)应用造价软件定义各种柱(如矩形柱、圆形柱、参数化柱、异形柱)的属性并套用做法;

(4)能够应用造价软件绘制本层柱图元;

(5)统计并核查本层柱的个数、土建及钢筋工程量。

一、任务说明

①完成首层各种柱的定义、做法套用及图元绘制。

②汇总计算,统计本层柱的土建及钢筋工程量。

二、任务分析

①各种柱在计量时的主要尺寸有哪些? 从哪个图中什么位置找到? 有多少种柱?

②工程量计算中柱都有哪些分类? 都套用什么定额?

③软件如何定义各种柱? 各种异形截面端柱如何处理?

④构件属性、做法套用、图元之间有什么关系?

⑤如何统计本层柱的相关清单工程量和定额工程量?

三、任务实施

1) 分析图纸

分析图纸可在结施-04 的柱表中得到柱的截面信息,本层以矩形框架柱为主,主要信息见表 3.1。

表 3.1　柱表

类型	名称	混凝土强度等级	截面尺寸（mm）	标高	角筋	b 每侧中配筋	h 每侧中配筋	箍筋类型号	箍筋
矩形框架柱	KZ1	C30	500×500	基础顶~+3.85	4 ⯐ 22	3 ⯐ 18	3 ⯐ 18	1(4×4)	⯐ 8@ 100
	KZ2	C30	500×500	基础顶~+3.85	4 ⯐ 22	3 ⯐ 18	3 ⯐ 18	1(4×4)	⯐ 8@ 100/200
	KZ3	C30	500×500	基础顶~+3.85	4 ⯐ 25	3 ⯐ 18	3 ⯐ 18	1(4×4)	⯐ 8@ 100/200
	KZ4	C30	500×500	基础顶~+3.85	4 ⯐ 25	3 ⯐ 20	3 ⯐ 20	1(4×4)	⯐ 8@ 100/200
	KZ5	C30	600×500	基础顶~+3.85	4 ⯐ 25	4 ⯐ 20	3 ⯐ 20	1(5×4)	⯐ 8@ 100/200
	KZ6	C30	500×600	基础顶~+3.85	4 ⯐ 25	3 ⯐ 20	4 ⯐ 20	1(4×5)	⯐ 8@ 100/200

还有一部分剪力墙柱如图 3.1 所示。

图 3.1

2) 现浇混凝土柱基础知识

（1）清单计算规则学习

柱清单计算规则,见表 3.2。

表 3.2　柱清单计算规则

编码	项目名称	单位	计算规则
010502001	矩形柱	m³	按设计图示尺寸以体积计算。柱高： (1)有梁板的柱高,应自柱基上表面(或楼板上表面)至上一层楼板上表面之间的高度计算 (2)无梁板的柱高,应自柱基上表面(或楼板上表面)至柱帽下表面之间的高度计算 (3)框架柱的柱高:应自柱基上表面至柱顶高度计算 (4)构造柱按全高计算,嵌接墙体部分(马牙槎)并入柱身体积 (5)依附柱上的牛腿和升板的柱帽,并入柱身体积计算
010504001	直形墙	m³	按设计图示尺寸以体积计算,扣除门窗洞口及单个面积大于 0.3 m² 的孔洞所占体积,墙垛及凸出墙面部分并入墙体体积内计算
011702002	矩形柱 模板	m²	按模板与现浇混凝土构件的接触面积计算
011702013	短肢剪力墙、电梯井壁模板	m²	按模板与现浇混凝土构件的接触面积计算

（2）定额计算规则学习

柱定额计算规则见表 3.3。

表 3.3　柱定额计算规则

编码	项目名称	单位	计算规则
6-190	（C30 泵送商品混凝土）矩形柱	m³	按设计图示尺寸以体积计算。柱高： (1)有梁板的柱高,应自柱基上表面(或楼板上表面)至上一层楼板上表面之间的高度计算 (2)无梁板的柱高,应自柱基上表面(或楼板上表面)至柱帽下表面之间的高度计算 (3)框架柱的柱高:应自柱基上表面至柱顶高度计算 (4)构造柱按全高计算,嵌接墙体部分(马牙槎)并入柱身体积 (5)依附柱上的牛腿和升板的柱帽,并入柱身体积计算
6-204	（C30 泵送商品混凝土）电梯井壁	m³	按设计图示尺寸以体积计算。不扣除构件内钢筋、预埋铁件所占体积。扣除门窗洞口及单个面积大于 0.3 m² 的孔洞所占体积,墙垛及凸出墙面部分并入墙体体积内计算
21-27	现浇矩形柱 复合木模板	10 m²	现浇混凝土及钢筋混凝土模板工程量除另有规定者外,均按混凝土与模板的接触面积计算

编码	项目名称	单位	计算规则
21-52	现浇电梯井壁 复合木模板	10 m²	现浇混凝土及钢筋混凝土模板工程量除另有规定者外，均按混凝土与模板的接触面积计算。附墙柱侧面积并入墙模板工程量，单孔面积小于等于 0.3 m² 的孔洞不予扣除，洞侧壁模板亦不增加；大于 0.3 m² 的孔洞应予扣除，洞侧壁模板面积并入墙模板工程量中

（3）柱平法知识

柱类型有框架柱、框支柱、芯柱、梁上柱、剪力墙柱等。从形状上可分为圆形柱、矩形柱、异形柱等。柱钢筋的平法表示有两种：一是列表注写方式；二是截面注写方式。

①列表注写。在柱表中注写柱编号、柱段起止标高、几何尺寸（含柱截面对轴线的偏心情况）与配筋信息、箍筋信息，如图 3.2 所示。

柱表

柱号	标高	$b \times h$（圆柱直径D)	b_1	b_2	h_1	h_2	全部纵筋	角筋	b边一侧中部筋	h边一侧中部筋	箍筋类型号	箍筋	备注
KZ1	−0.030~19.470	750 × 700	375	375	150	550	24Φ25				1(5×4)	Φ10@100/200	
	19.470~37.470	650 × 600	325	325	150	450		4Φ22	5Φ22	4Φ20	1(4×4)	Φ10@100/200	—
	37.470~59.070	550 × 500	275	275	150	350		4Φ22	5Φ22	4Φ20	1(4×4)	Φ8@100/200	
XZ1	−0.030~8.670						8Φ25				按标准构造详图	Φ10@100	③×Ⓑ轴KZ1中设置

图 3.2

②截面注写。在同一编号的柱中选择一个截面，以直接注写截面尺寸和柱纵筋及箍筋信息，如图 3.3 所示。

图 3.3

3）柱的属性定义

（1）矩形框架柱 KZ1

①在导航树中单击"柱"→"柱"，在构件列表中单击"新建"→"新建矩形柱"，如图 3.4 所示。

②在属性编辑框中输入相应的属性值,框架柱的属性定义如图 3.5 所示。

图 3.4

图 3.5

属性列表(图 3.5)

	属性名称	属性值	附加
1	名称	KZ1	
2	结构类别	框架柱	☐
3	定额类别	普通柱	☐
4	截面宽度(B边)(...	500	☐
5	截面高度(H边)(...	500	☐
6	全部纵筋		☐
7	角筋	4Φ22	☐
8	B边一侧中部筋	3Φ18	☐
9	H边一侧中部筋	3Φ18	☐
10	箍筋	Φ8@100(4*4)	☐
11	节点区箍筋		☐
12	箍筋胶数	4*4	☐
13	柱类型	(中柱)	☐
14	材质	预拌混凝土(泵送型)	☐
15	混凝土类型	(粒径31.5砼32.5级坍落度35~50)	☐
16	混凝土强度等级	(C30)	☐
17	混凝土外加剂	(无)	☐
18	混凝土类别	泵送商品砼	☐
19	泵送类型	(混凝土泵)	☐
20	泵送高度(m)		
21	截面面积(m²)	0.25	
22	截面周长(m)	2	
23	顶标高(m)	层顶标高	
24	底标高(m)	层底标高	
25	备注		
26	⊞ 钢筋业务属性		
44	⊞ 土建业务属性		

截面编辑

属性列表(图 3.4)

	属性名称	属性值	附
1	名称	KZ1	
2	结构类别	框架柱	☐
3	定额类别	普通柱	☐
4	截面宽度(B边)(...	500	☐
5	截面高度(H边)(...	500	☐
6	全部纵筋		☐

【注意】

①名称:根据图纸输入构件的名称 KZ1,该名称在当前楼层的当前构件类型下是唯一的。

②结构类别:类别会根据构件名称中的字母自动生成,如 KZ 生成的是框架柱,也可根据实际情况进行选择,KZ1 为框架柱。

③定额类别:选择为普通柱。

④截面宽度(B 边):KZ1 柱的截面宽度为 500 mm。

⑤截面高度(H 边):KZ1 柱的截面高度为 500 mm。

⑥全部纵筋:表示柱截面内所有的纵筋,如 24Φ28;如果纵筋有不同的级别和直径,则使用"+"连接,如 4Φ28+16Φ22。此处 KZ1 的全部纵筋值设置为空,采用角筋、B 边一侧中部筋和 H 边一侧中部筋详细描述。

⑦角筋:只有当全部纵筋属性值为空时才可输入,根据结施-04 的柱表可知 KZ1 的角筋为 4Φ22。

⑧箍筋:KZ1 的箍筋为Φ8@ 100(4×4)。

⑨节点区箍筋:KZ1 无节点区箍筋。

⑩箍筋胶数:通过单击当前框中省略号按钮选择胶数类型,KZ1 的箍筋胶数为 4×4 胶箍。

（2）参数化柱（以首层约束边缘柱 YBZ1 为例）

①新建柱，选择"新建参数化柱"。

②在弹出的"选择参数化图形"对话框中，设置截面类型与具体尺寸，如图 3.6 所示。单击"确定"后显示属性列表。

图 3.6

③参数化柱的属性定义，如图 3.7 所示。

	属性名称	属性值	附加
1	名称	YBZ1	
2	截面形状	L-d形	□
3	结构类别	暗柱	□
4	定额类别	普通柱	□
5	截面宽度(B边)(mm)	500	□
6	截面高度(H边)(mm)	500	□
7	全部纵筋	12Φ20	□
8	材质	预拌混凝土(泵送型)	□
9	混凝土类型	(粒径31.5砼32.5级坍落度35~50)	□
10	混凝土强度等级	(C30)	□
11	混凝土外加剂	(无)	
12	混凝土类别	泵送商品砼	□
13	泵送类型	(混凝土泵)	
14	泵送高度(m)		
15	截面面积(m²)	0.16	□
16	截面周长(m)	2	□
17	顶标高(m)	层顶标高	□
18	底标高(m)	层底标高	□

图 3.7

【注意】

①截面形状：可以单击当前框中的省略号按钮，在弹出的"选择参数化图形"对话框中进行再次编辑。

②截面宽度（B 边）：柱截面外接矩形的宽度。

③截面高度（H 边）：柱截面外接矩形的高度。

（3）异形柱(以 YZB2 为例)

①新建柱,选择"新建异形柱"。

②在弹出的"异形截面编辑器"中绘制线式异形截面,单击"确定"后可编辑属性,如图 3.8 所示。

图 3.8

③异形柱的属性定义,如图 3.9 所示。

	属性名称	属性值	附加
1	名称	YBZ2	
2	截面形状	L-c形	☐
3	结构类别	暗柱	☐
4	定额类别	普通柱	☐
5	截面宽度(B边)(mm)	500	☐
6	截面高度(H边)(mm)	700	☐
7	全部纵筋	14Φ20	☐
8	材质	预拌混凝土(泵送型)	
9	混凝土类型	(粒径31.5砼32.5级坍落度35~50)	
10	混凝土强度等级	(C30)	☐
11	混凝土外加剂	(无)	
12	混凝土类别	泵送商品砼	☐
13	泵送类型	(混凝土泵)	
14	泵送高度(m)		
15	截面面积(m²)	0.2	☐
16	截面周长(m)	2.4	☐
17	顶标高(m)	层顶标高	☐
18	底标高(m)	层底标高	☐

属性列表

图 3.9

【注意】

对于 YBZ1 和 YBZ2 的钢筋信息的输入,单击"定义"按钮,进入"截面编辑"。对话框,进行纵筋和箍筋的输入,如图 3.10 所示为 YBZ1 的输入。

图 3.10

(4)圆形框架柱(拓展)

选择"新建"→"新建圆形柱",方法同矩形框架柱属性定义。本工程无圆形框架柱,属性信息均是假设的。圆形框架柱的属性定义如图 3.11 所示。

	属性名称	属性值	附加
1	名称	KZ（圆形）	
2	结构类别	框架柱	☐
3	定额类别	普通柱	☐
4	截面半径(mm)	250	☐
5	全部纵筋	16Φ22	☐
6	箍筋	Φ10@100/200	☐
7	节点区箍筋		☐
8	箍筋类型	螺旋箍筋	☐
9	材质	预拌混凝土(泵送型)	☐
10	混凝土类型	(粒径31.5砼32.5级坍落度35~50)	☐
11	混凝土强度等级	(C30)	☐
12	混凝土外加剂	(无)	☐
13	泵送类别	泵送商品砼	☐
14	泵送类型	(混凝土泵)	
15	泵送高度(m)		
16	截面面积(m²)	0.196	☐
17	截面周长(m)	1.571	☐
18	顶标高(m)	层顶标高	☐
19	底标高(m)	层底标高	☐

图 3.11

【注意】

截面半径:设置圆形柱截面半径,可用"数值/数值"来表示变截面柱,输入格式为"柱底截面半径/柱顶截面半径"(圆形柱没有截面宽、截面高属性)。

4)做法套用

柱构件定义好后,需要进行套用做法操作。套用做法是指构件按照计算规则计算汇总出做法工程量,方便进行同类项汇总,同时与计价软件数据对接。构件套用做法,可通过手动输入清单定额编码、查询匹配清单、查询匹配定额、查询外部清单、查询清单库、查询定额库等方式实现。

双击需要套用做法的柱构件,如 KZ1,在弹出的窗口中单击"构件做法"页签,可通过查询匹配清单的方式添加清单,KZ1 混凝土的清单项目编码为 010502001,完善后 3 位编码为010502001001,KZ1 模板的清单项目编码为 011702002,完善后 3 位编码为 011702002001。通过查询匹配定额可以添加定额,正确选择对应定额项,KZ1 的做法套用,如图 3.12 所示。暗柱的做法套用,如图 3.13 所示。

	编码	类别	名称	项目特征	单位	工程量表达式	表达式说明	单价	综合单价	措施项目	专业
1	⊟ 010502001001	项	矩形柱	1.混凝土种类:商品砼 2.混凝土强度等级:C30	m3	TJ	TJ〈体积〉			☐	建筑工程
2	6-190	定	(C30泵送商品砼) 矩形柱		m3	TJ	TJ〈体积〉	467.46		☐	土建
3	⊟ 011702002001	项	矩形柱 模板		m2	MBMJ	MBMJ〈模板面积〉			☑	建筑工程
4	21-27	定	现浇矩形柱 复合木模板		m2	MBMJ	MBMJ〈模板面积〉	609.23		☑	土建

图 3.12

	编码	类别	名称	项目特征	单位	工程量表达式	表达式说明	单价	综合单价	措施项目	专业
1	⊟ 010504001002	项	直形墙	电梯井壁 1.混凝土种类:商品砼 2.混凝土强度等级:C30	m3	TJ	TJ〈体积〉			☐	建筑工程
2	6-204	定	(C30泵送商品砼) 电梯井壁		m3	TJ	TJ〈体积〉	550.03		☐	土建
3	⊟ 011702013001	项	短肢剪力墙、电梯井壁 模板		m2	MBMJ	MBMJ〈模板面积〉			☑	建筑工程
4	21-52	定	现浇电梯井壁 复合木模板		m2	MBMJ	MBMJ〈模板面积〉	467.46		☑	土建

图 3.13

5)柱的画法讲解

柱定义完毕后,切换到绘图界面。

(1)点绘制

通过构件列表选择要绘制的构件 KZ1,用鼠标捕捉①轴与①轴的交点,直接单击鼠标左键即可完成柱 KZ1 的绘制,如图 3.14 所示。

(2)偏移绘制

偏移绘制常用于绘制不在轴线交点处的柱,①轴上、④~⑤轴之间的 TZ1 不能直接用鼠标选择点绘制,需要使用"Shift 键+鼠标左键"相对于基准点偏移绘制。

①把鼠标放在①轴和④轴的交点处,同时按下"Shift"键和鼠标左键,弹出"输入偏移量"对话框。由结施-04 可知,TZ1 的中心相对于①轴与④轴交点向右偏移 1650 mm,在对话框中输入 X = "1650",Y = "100",表示水平方向偏移量为 1650 mm,竖直方向向上偏移 100 mm,如图 3.15 所示。

图 3.14

图 3.15

②单击"确定"按钮，TZ1 就偏移到指定位置了，如图 3.16 所示。

（3）智能布置

当图 3.16 中某区域轴线相交处的柱都相同时，可采用"智能布置"方法来绘制柱。如结施-04 中，②~⑦轴与①轴的 6 个交点处都为 KZ3，即可利用此功能快速布置。选择 KZ3，单击"建模"→"柱二次编辑"→"智能"布置，选择"轴线"，如图 3.17 所示。

图 3.16

图 3.17

然后在图框中框选要布置柱的范围,单击鼠标右键确定,则软件自动在所有范围内所有轴线相交处布置上 KZ3,如图 3.18 所示。

图 3.18

(4)镜像

通过图纸分析可知,①~④轴的柱与⑤~⑧轴的柱是对称的,因此,在绘图时可以使用一种简单的方法:先绘制①~④轴的柱,然后使用"镜像"功能绘制⑤~⑧的轴。操作步骤如下:

①选中①~④轴间需要镜像的柱,单击"建模"页签下"修改"面板中的"镜像"命令,如图 3.19 所示。

图 3.19

②可以看到⑪轴上、④~⑤轴之间出现一个黄色的三角形,单击此三角形,如图 3.20 所示,将鼠标下移,可以看到Ⓐ轴上、④~⑤轴之间再次出现一个黄色的三角形,单击此三角形,软件跳出"是否要删除原来的图元"的提示,选择"否",所有柱子布置成功。

图 3.20

6) 闯关练习

老师讲解演示完毕,可登录测评认证平台安排学生练习。学生打开测评认证平台考试端,练习完毕提交工程文件后系统可自动评分。老师可在网页直接查看学生成绩汇总和作答数据统计。平台可帮助老师和学生专注学习本身,实现快速完成评分、成绩汇总和分析。

方式一:老师安排学生到测评认证网进行相应的关卡练习,增加练习的趣味性和学生的积极性。

方式二:老师自己安排练习。

(1)老师安排随堂练习

老师登录测评认证网(http://rzds.glodonedu.com),在考试管理页面,单击"安排考试"按钮,如图 3.21 所示。

图 3.21

步骤一:填写考试基础信息,如图 3.22 所示。

①填写考试名称:首层柱钢筋量计算。

②选择考试的开始时间与结束时间(自动计算考试时长)。

③单击"选择试卷"按钮选择试卷。

图 3.22

选择试题时,可从"我的试卷库"中选择,也可在"共享试卷库"中选择,如图 3.23 所示。

图 3.23

步骤二:考试设置,如图 3.24 所示。

①添加考生信息,从群组选择中选择对应的班级学生。

②设置成绩查看权限:交卷后立即显示考试成绩。

③设置防作弊的级别:0 级。

④设置可进入考试的次数(留空为不限制次数)。

发布成功后,可在"未开始的考试"中查看,如图 3.25 所示。

【小技巧】

建议提前安排好实战任务,设置好考试的时间段,在课堂上直接让学生练习即可;或者

① 第一步，填写基本信息 ———— ② 第二步，权限设置

基本信息填写不全，请先暂存试卷，后续进行补充，考试的基本信息填写完整才能正式发布

▽ 基本权限

　　*考试参与方式：● 私有考试 ❓ ①

　　　　　　　　　👥7　添加考生

▽ 高级权限

　　*成绩权限：● 可以查看成绩 ❓ ②　　○ 不可以查看成绩 ❓

　　　　　　☑ 交卷后立即显示考试成绩　　□ 允许考试结束后下载答案

　　*考试位置：● PC端 ❓　○ WEB端 ❓

　　③ *防作弊：● 0级：不开启防作弊 ❓

　　　　　　　○ 1级：启用考试专用桌面 ❓

　　　　　　　○ 2级：启用考试专用桌面和文件夹 ❓

　　进入考试次数：｜＿＿＿＿｜ 次 ❓

图 3.24

| 安排考试 | 安排考试操作指南 |

| 已结束的考试 | 进行中的考试 | 未开始的考试 | 草稿箱 |

| 考试名称 | 考试日期：开始时间 🗓 ～ 截止时间 🗓 | 搜索 |

考试时间：2020-04-01 15:00:00 ~ 2020-04-01 17:00:00　考试时长：30分钟

私有 首层柱钢筋量计算　　　　　　　　　　　　　试卷：CGGTJ101-计算首层柱工程量

考生人数：2人 | 考生可以查看成绩 | 进入考试次数：不限制

1　共有1项　每页 5 ▼ 条

图 3.25

直接使用闯关模块安排学生进行练习，与教材内容配套使用。

（2）参加老师安排的任务

步骤一：登录测评认证网。用学生账号登录考试平台，如图 3.26 所示。

步骤二：参加考试。老师安排的考试位于"待参加考试"页签，找到要参加的考试，单击"进入考试"即可，如图 3.27 所示。

（3）考试过程跟进

考试过程中，单击考试右侧的"成绩分析"按钮，即可进入学生作答监控页面，如图3.28所示。

图 3.26

考试 首层柱钢筋量计算
考试时间：2020年04月01日15:00~17:00 | 考试时长：30分钟 | 创建人：李建飞
使用软件：土建计量软件

进入考试

图 3.27

图 3.28

在成绩分析页面，老师可以详细看到每位学生的作答状态：未参加考试、未交卷、作答中、已交卷，如图 3.29 所示。这 4 种状态分别如下：

	姓名	联系方式	学号	作答时间	作答时长	交卷时间	总成绩	作答状态	操作
1			2017200246				73.86	已交卷	查看评分 下载评分报告
2			201812005...				73.86	已交卷	查看评分 下载评分报告
3			201812013...				--	未参加考试	--
4			201812013...				--	未参加考试	

图 3.29

①未参加考试:考试开始后,学生从未进入过考试作答页面。

②未交卷:考试开始后,学生进入过作答页面,没有交卷又退出考试了。

③作答中:当前学生正在作答页面。

④已交卷:学生进入过考试页面,并完成了至少 1 次交卷,当前学生不在作答页面。

(4)查看考试结果(图 3.30)

图 3.30

考试结束后,老师可以在成绩分析页面查看考试的数据统计及每位考生的考试结果和成绩分析,如图 3.31 所示。

序号	构件类型	标准工程量(千克)	工程量(千克)	偏差(%)	基准分	得分	得分分析
1	▼柱	8348.578	8348.578	0	92.4731	92.4729	
2	▼工程1	8348.578	8348.578	0	92.4731	92.4729	
3	▼首层	8348.578	8348.578	0	92.4731	92.4729	
4	ΦC20,1,0,柱	2350.4	2350.4	0	25.8064	25.8064	
5	ΦC18,1,0,柱	1792.896	1792.896	0	25.8064	25.8064	
6	ΦC25,1,0,柱	1687.224	1687.224	0	13.9785	13.9785	
7	ΦC22,1,0,柱	577.76	577.76	0	5.3763	5.3763	
8	ΦC16,1,0,柱	24.984	24.984	0	1.6129	1.6129	
9	ΦC8,1,0,柱	1902.42	1902.42	0	19.3548	19.3548	
10	ΦC10,1,0,柱	12.894	12.894	0	0.5376	0.5376	
11	▼暗柱/端柱	1052.82	1052.82	0	7.5269	7.5269	
12	▼工程1	1052.82	1052.82	0	7.5269	7.5269	
13	▼首层	1052.82	1052.82	0	7.5269	7.5269	
14	ΦC10,1,0,暗柱/端柱	410.88	410.88	0	3.2258	3.2258	
15	ΦC20,1,0,暗柱/端柱	641.94	641.94	0	4.3011	4.3011	

图 3.31

【提示】

其他章节,老师可参照本"闯关练习"的做法,安排学生在闯关模块进行练习,或在测评认证考试平台布置教学任务。

四、任务结果

单击"检查"页签下的"合法性检查"，"合法性检查"无误后，单击"汇总"页签下的"汇总计算"（或按快捷键"F9"），弹出"汇总计算"对话框，选择首层下的柱，如图 3.32 所示。

图 3.32

汇总计算后，在"工程量"页签下，单击"报表-查看报表"，选择"土建报表量"→"清单定额汇总表"，可以查看土建计算结果，见表 3.4；单击"钢筋报表量"→"构件汇总信息明细表"，可以查看钢筋计算结果，见表 3.5。

表 3.4　首层柱清单定额工程量

编码	项目名称	单位	工程量
010502001001	矩形柱 (1)混凝土种类:商品混凝土 (2)混凝土强度等级:C30	m^3	32.097
6-190	(C30 泵送商品混凝土)矩形柱	m^3	32.097
010504001002	直形墙 电梯井壁(暗柱) (1)混凝土种类:商品混凝土 (2)混凝土强度等级:C30	m^3	2.808
6-204	(C30 泵送商品混凝土)电梯井壁	m^3	2.808

表 3.5　首层柱钢筋工程量

汇总信息	汇总信息钢筋总质量(kg)	构件名称	构件数量	HRB400
暗柱/端柱	922.196	YBZ1[26]	2	418.072
		YBZ2[30]	2	504.124
		合计		922.196

续表

汇总信息	汇总信息钢筋总质量(kg)	构件名称	构件数量	HRB400
柱	7271.487	KZ1[34]	4	883.568
		KZ2[54]	4	800.968
		KZ2[73]	2	396.354
		KZ3[35]	6	1270.158
		KZ4[55]	12	2800.956
		KZ5[81]	2	539.184
		KZ6[74]	2	539.184
		TZ1[16147]	1	41.969
		合计		7271.487

五、总结拓展

1)查改标注

框架柱主要使用"点"绘制,或者用偏移辅助"点"绘制。如果有相对轴线偏心的支柱,则可使用以下"查改标注"的方法进行偏心的设置和修改,操作步骤如下:

①选中图元,单击"建模"→"柱二次编辑"→"查改标注",如图 3.33 所示。

②回车依次修改绿色字体的标注信息,全部修改后用鼠标左键单击屏幕的其他位置即可,右键结束命令,如图 3.34 所示。

图 3.33

图 3.34

2)修改图元名称

如果需要修改已经绘制的图元名称,也可采用以下两种方法:

①"修改图元名称"功能。如果需要把一个构件的名称替换成另一个名称,例如要把 KZ6 修改为 KZ1,可以使用"修改图元名称"功能。选中 KZ6,单击鼠标右键选择"修改图元名称",则会弹出"修改图元名称"对话框,如图 3.35 所示。将 KZ6 修改成 KZ1 即可。

②通过属性列表修改。选中图元,"属性列表"对话框中会显示图元的属性,点开下拉名称列表,选择需要的名称,如图 3.36 所示。

3)"构件图元名称显示"功能

柱构件绘到图上后,如果需要在图上显示图元的名称,可使用"视图"选项卡下的"显示设置"功能，如图 3.37 所示。

图 3.35

图 3.36

图 3.37

在弹出如图 3.38 所示"显示设置"对话框中，勾选显示的图元或显示名称，方便查看和修改。例如，显示柱子及其名称，则在柱显示图元及显示名称后面打"√"，也可通过按"Z"键将柱图元显示出来，按"Shift+Z"键将柱图元名称显示出来。

图 3.38

4)柱的属性

在柱的属性中有标高的设置,包括底标高和顶标高。软件默认竖向构件是按照层底标高和层顶标高,可根据实际情况修改构件或图元的标高。

5)构件属性编辑

在对构件进行属性编辑时,属性编辑框中有两种颜色的字体:蓝色字体和黑色字体。蓝色字体显示的是构件的公有属性,黑色字体显示的是构件的私有属性。对公有属性部分进行操作,所做的改动对同层所有同名称构件起作用。

问 题思考

(1)在绘图界面怎样调出柱属性编辑框对图元属性进行修改?

(2)在参数化柱模型中找不到的异形柱如何定义?

(3)在柱定额子目中找不到所需的子目,该如何定义柱构件做法?

3.2 首层剪力墙工程量计算

通过本节的学习,你将能够:

(1)定义剪力墙的属性;

(2)绘制剪力墙图元;

(3)掌握连梁在软件中的处理方式;

(4)统计本层剪力墙的阶段性工程量。

一、任务说明

①完成首层剪力墙的属性定义、做法套用及图元绘制。

②汇总计算,统计本层剪力墙的工程量。

二、任务分析

①剪力墙在计量时的主要尺寸有哪些?从哪个图中什么位置找到?

②剪力墙的暗柱、端柱分别是如何计算钢筋工程量的?

③剪力墙的暗柱、端柱分别是如何套用清单定额的?

④当剪力墙墙中心线与轴线不重合时,该如何处理?

⑤电梯井壁剪力墙的施工措施有什么不同?

三、任务实施

1)分析图纸

(1)分析剪力墙

分析结施-04、结施-01,可以得到首层剪力墙的信息,见表3.6。

表 3.6　剪力墙表

序号	类型	名称	混凝土型号	墙厚(mm)	标高	水平筋	竖向筋	拉筋
1	内墙	Q3	C30	200	−0.05～+3.85	Φ12@150	Φ14@150	Φ8@450

(2)分析连梁

连梁是剪力墙的一部分。结施-06 中,剪力墙上有 LL1(1),尺寸为 200 mm×1000 mm,下方有门洞,箍筋为Φ10@100(2),上部纵筋为4Φ22,下部纵筋为4Φ22,侧面纵筋为GΦ12@200。

2)剪力墙清单、定额计算规则学习

(1)清单计算规则学习

剪力墙清单计算规则,见表3.7。

表 3.7　剪力墙清单计算规则

编码	项目名称	单位	计算规则
010504001	直形墙	m³	按设计图示尺寸以体积计算。扣除门窗洞口及单个面积大于 0.3 m² 的孔洞所占体,墙垛及凸出墙面部分并入墙体体积内计算
011702013	短肢剪力墙、电梯井壁模板	m²	按模板与现浇混凝土构件的接触面积计算

（2）定额计算规则

剪力墙定额计算规则，见表3.8。

表 3.8 剪力墙定额计算规则

编码	项目名称	单位	计算规则
6-204	（C30 泵送商品混凝土）电梯井壁	m^3	同清单
21-52	现浇电梯井壁 复合木模板	$10\ m^2$	现浇混凝土及钢筋混凝土模板工程量除另有规定者外，均按混凝土与模板的接触面积计算。附墙柱侧面积并入墙模板工程量，单孔面积小于等于 $0.3\ m^2$ 的孔洞不予扣除，洞侧壁模板亦不增加；大于 $0.3\ m^2$ 的孔洞应予扣除，洞侧壁模板面积并入墙模板工程量中

3）剪力墙属性定义

（1）新建剪力墙

在导航树中选择"墙"→"剪力墙"，在"构件列表"中单击"新建"→"新建内墙"，如图3.39所示。

在"属性列表"中对图元属性进行编辑，如图 3.40 所示。

（2）新建连梁

在导航树中选择"梁"→"连梁"，在"构件列表"中单击"新建"→"新建矩形连梁"，如图3.41 所示。

图 3.40

图 3.39

图 3.41

在属性列表中对图元属性进行编辑,如图 3.42 所示。

(3)通过复制建立新构件

分析结施-04 可知,该案例工程有 Q3(基础~11.05 m)和 Q4(11.05~15.90 m)两种类型的剪力墙,厚度都是 200 mm,水平筋分别为 ⚊12@150 和 ⚊10@200,竖向筋分别为 ⚊14@150 和 ⚊10@200,拉筋分别为 ⚊8@450 和 ⚊8@600。其区别在于墙体的名称和钢筋信息以及布置位置不一样。若在本层还有其他剪力墙,在新建好 Q3 后,选中"Q3",单击鼠标右键选择"复制"按钮,或者直接单击复制工具,如图 3.43 所示。完成复制命令之后,再对其进行属性编辑。

	属性名称	属性值	附加
1	名称	LL1(1)	
2	截面宽度(mm)	200	
3	截面高度(mm)	1000	
4	轴线距梁左边…	(100)	
5	全部纵筋		
6	上部纵筋	4⚊22	
7	下部纵筋	4⚊22	
8	箍筋	⚊10@100(2)	
9	胶数	2	
10	拉筋	(⚊6)	
11	侧面纵筋(总配…)	G⚊12@200	
12	材质	预拌混凝土(泵送型)	
13	混凝土类型	(粒径31.5砼32.5级坍落度35~50)	
14	混凝土强度等级	(C30)	
15	混凝土外加剂	(无)	
16	泵送类型	(混凝土泵)	
17	泵送高度(m)		
18	截面周长(m)	2.4	
19	截面面积(m²)	0.2	
20	起点顶标高(m)	层顶标高	
21	终点顶标高(m)	层顶标高	

图 3.42

图 3.43

4) 做法套用

①剪力墙做法套用,如图 3.44 所示。

	编码	类别	名称	项目特征	单位	工程量表达式	表达式说明	单价	综合单价	措施项目	专业
1	⊟ 010504001002	项	直形墙	电梯井壁 1.混凝土种类:商品砼 2.混凝土强度等级:C30	m3	TJ	TJ<体积>			☐	建筑工程
2	6-204	定	(C30泵送商品砼) 电梯井壁		m3	TJ	TJ<体积>	550.03		☐	土建
3	⊟ 011702013001	项	短肢剪力墙、电梯井壁 模板		m2	MBMJ	MBMJ<模板面积>			☑	建筑工程
4	21-52	定	现浇电梯井壁 复合木模板		m2	MBMJ	MBMJ<模板面积>	467.46		☑	土建

图 3.44

②连梁是剪力墙的一部分,因此连梁按照剪力墙套用做法,如图 3.45 所示。

	编码	类别	名称	项目特征	单位	工程量表达式	表达式说明	单价	综合单价	措施项目	专业
1	⊟ 010504001002	项	直形墙	电梯井壁 1.混凝土种类:商品砼 2.混凝土强度等级:C30	m3	TJ	TJ<体积>			☐	建筑工程
2	6-204	定	(C30泵送商品砼) 电梯井壁		m3	TJ	TJ<体积>	550.03		☐	土建
3	⊟ 011702013001	项	短肢剪力墙、电梯井壁 模板		m2	MBMJ	MBMJ<模板面积>			☑	建筑工程
4	21-52	定	现浇电梯井壁 复合木模板		m2	MBMJ	MBMJ<模板面积>	467.46		☑	土建

图 3.45

5) 画法讲解

(1) 剪力墙的画法

剪力墙定义完毕后,切换到绘图界面。

①直线绘制。在导航树中选择"墙"→"剪力墙",通过"构件列表"选择要绘制的构件 Q3,依据结施-04 可知,剪力墙和暗柱都是 200 mm 厚,且内外边线对齐,用鼠标捕捉左下角的 YBZ1 最左侧,左键单击作为 Q3 的起点,用鼠标捕捉 YBZ2 最右侧,再左键单击作为 Q3 终点,即可完成绘制。

②对齐。直线完成 Q3 的绘制后,检查剪力墙是否与 YBZ1 和 YBZ2 对齐,假如不对齐,可采用"对齐"功能将剪力墙和 YBZ 对齐。选中 Q3,单击"对齐",用左键单击需要对齐的目标线,再左键单击选择图元需要对齐的边线。绘制完,如图 3.46 所示。

图 3.46

(2) 连梁的画法

连梁定义完毕后,切换到绘图界面。采用"直线"绘制的方法绘制。

通过构件列表选择"梁"→"连梁",单击"建模"→"直线",依据结施-05 可知,连梁和剪力墙都是 200 mm 厚,且内外边线对齐,将鼠标捕捉连梁 LL1(1) 的起点,再捕捉终点即可。

四、任务结果

汇总计算后,在"工程量"页签下,单击"报表-查看报表",选择"设置报表范围",再选择首层剪力墙、暗柱和连梁,单击"确定"按钮,首层剪力墙清单定额工程量见表3.9。

表3.9 首层剪力墙清单定额工程量

编码	项目名称	单位	工程量
010504001003	直形墙 电梯井壁 (1)混凝土种类:商品混凝土 (2)混凝土强度等级:C30	m³	3.5644
6-204	(C30 泵送商品混凝土) 电梯井壁	m³	3.5644

首层剪力墙钢筋工程量,见表3.10。

表3.10 首层剪力墙钢筋工程量

楼层名称	构件类型	钢筋总质量(kg)	HPB300	HRB400
首层	暗柱/端柱	922.196		922.196
	剪力墙	760.026		760.026
	连梁	116.447	1.044	115.403
	合计	1798.669	1.044	1797.625

五、总结拓展

对属性编辑框中的"附加"进行勾选,方便用户对所定义的构件进行查看和区分。

 题思考

(1)剪力墙为什么要区分内、外墙定义?

(2)电梯井壁墙的内侧模板是否存在超高?

(3)电梯井壁墙的内侧模板和外侧模板是否套用同一定额?

3.3 首层梁工程量计算

通过本节的学习,你将能够:

(1)依据定额和清单确定梁的分类和工程量计算规则;

(2)依据平法、定额和清单确定梁的钢筋类型及工程量计算规则;

(3)定义梁的属性,进行正确的做法套用;

(4)绘制梁图元,正确对梁进行二次编辑;

(5)统计梁的工程量。

一、任务说明

①完成首层梁的属性定义、做法套用及图元绘制。

②汇总计算,统计本层梁的钢筋及土建工程量。

二、任务分析

①梁在计量时的主要尺寸有哪些?可以从哪个图中什么位置找到?有多少种梁?

②梁是如何套用清单定额的?软件中如何处理变截面梁?

③梁的标高如何调整?起点顶标高和终点顶标高不同会有什么结果?

④绘制梁时,如何使用"Shift+左键"实现精确定位?

⑤各种不同名称的梁如何能快速套用做法?

⑥参照16G101—1第84-97页,分析框架梁、非框架梁、屋框梁、悬臂梁纵筋及箍筋的配筋构造。

⑦按图集构造分别列出各种梁中各种钢筋的计算公式。

三、任务实施

1)分析图纸

①分析图纸结施-06可知,从左至右、从上至下,本层有框架梁和非框架梁两种。

②框架梁KL1~KL10b,非框架梁L1(1),主要信息见表3.11。

表3.11　梁表

序号	类型	名称	混凝土强度等级	截面尺寸(mm)	顶标高	备注
1	框架梁	KL1(1)	C30	250×500	层顶标高	钢筋信息参考结施-06
		KL2(2)	C30	300×500	层顶标高	
		KL3(3)	C30	250×500	层顶标高	
		KL4(1)	C30	300×600	层顶标高	
		KL5(3)	C30	300×500	层顶标高	
		KL6(7)	C30	300×550	层顶标高	
		KL7(3)	C30	300×500	层顶标高	
		KL8(1)	C30	300×600	层顶标高	
		KL9(3)	C30	300×600	层顶标高	
		KL10(3)	C30	300×600	层顶标高	
		KL10a(3)	C30	300×600	层顶标高	
		KL10b(1)	C30	300×600	层顶标高	
2	非框架梁	L1(1)	C30	300×550	层顶标高	

2）现浇混凝土梁基础知识学习

（1）清单计算规则学习

梁清单计算规则见表 3.12。

表 3.12　梁清单计算规则

编码	项目名称	单位	计算规则
010505001	有梁板	m³	按设计图示尺寸以体积计算,有梁板（包括主、次梁与板）按梁、板体积之和计算
011702014	有梁板 模板	m²	按模板与现浇混凝土构件的接触面积计算

（2）定额计算规则学习

梁定额计算规则见表 3.13。

表 3.13　梁定额计算规则

编码	项目名称	单位	计算规则
6-207	（C30 泵送商品混凝土）有梁板	m³	按设计图示尺寸以体积计算。不扣除构件内钢筋、预埋铁件所占体积,伸入墙内的梁头、梁垫并入梁体积内
21-59	现浇板厚度<20 cm 复合木模板	10 m²	现浇混凝土及钢筋混凝土模板工程量除另有规定者外,均按混凝土与模板的接触面积计算。现浇圆弧形构件除定额已注明者外,均按垂直圆弧形的面积计算

（3）梁平法知识

梁类型有楼层框架梁、屋面框架梁、框支梁、非框架梁、悬挑梁等。梁平面布置图采用平面注写方式或截面注写方式表达。

①平面注写:在梁平面布置图上,分别在不同编号的梁中各选一根梁,在其上注写截面尺寸和配筋具体数值的方式来表达梁平法施工图,如图 3.47 所示。平面注写包括集中标注与原位标注,集中标注表达梁的通用数值,原位标注表达梁的特殊数值。当集中标注中的某项数值不适用于梁的某部位时,则将该项数值原位标注。施工时,原位标注取值优先。

②截面注写:在分标准层绘制的梁平面布置图上,分别在不同编号的梁中各选择一根梁用剖面号引出配筋图,并在其上注写截面尺寸和配筋具体数值的方式来表达梁平法施工图,如图 3.48 所示。

③框架梁钢筋类型及软件输入格式:以上/下部贯通筋为例,侧面钢筋、箍筋、拉筋为例,见表 3.14。

图 3.47

15.870~26.670梁平法施工图(局部)

图 3.48

表 3.14　框架梁钢筋类型及软件输入格式

钢筋类型	输入格式	说明
上部通长筋	2Φ22	数量+级别+直径,有不同的钢筋信息用"+"连接,注写时将角部纵筋写在前面
	2Φ25+2Φ22	
	4Φ20　2/2	当存在多排钢筋时,使用"/"将各排钢筋自上而下分开
	2Φ20/2Φ22	
	1-2Φ25	图号-数量+级别+直径,图号为悬挑梁弯起钢筋图号
	2Φ25+(2Φ22)	当有架立筋时,架立筋信息输在加号后面的括号中
下部通长筋	2Φ22	数量+级别+直径,有不同的钢筋信息用"+"连接
	2Φ25+2Φ22	
	4Φ20　2/2	当存在多排钢筋时,使用"/"将各排钢筋自上而下分开
	2Φ20/2Φ22	
侧面钢筋（总配筋值）	G42Φ16 或 N42Φ16	梁两侧侧面筋的总配筋值
	GΦ16@100 或 NΦ16@100	
箍筋	20Φ8(4)	数量+级别+直径(肢数),肢数不输入时按肢数属性中的数据计算
	Φ8@100(4)	级别+直径+@+间距(肢数),加密区间距和非加密区间距用"/"分开,加密区间距在前,非加密区间距在后
	Φ8@100/200(4)	
	13Φ8@100/200(4)	此种输入格式主要用于指定梁两端加密箍筋数量的设计方式。"/"前面表示加密区间距,后面表示非加密区间距。当箍筋肢数不同时,需要在间距后面分别输入相应的肢数
	9Φ8@100/12Φ12@150/Φ16@200(4)	此种输入格式表示从梁两端到跨内,按输入的间距、数量依次计算。当箍筋肢数不同时,需要在间距后面分别输入相应的肢数
	10Φ10@100(4)/Φ8@200(2)	此种输入格式主要用于加密区和非加密区箍筋信息不同时的设计方式。"/"前面表示加密区间距,后面表示非加密区间距
	Φ10@100(2)[2500];Φ12@100(2)[2500]	此种输入格式主要用于同一跨梁内不同范围存在不同箍筋信息的设计方式

钢筋类型	输入格式	说明
拉筋	⏀16	级别+直径,不输入间距按照非加密区箍筋间距的 2 倍计算
	4⏀16	排数+级别+直径,不输入排数按照侧面纵筋的排数计算
	⏀16@ 100 或⏀16@ 100/200	级别+直径+@ +间距,加密区间距和非加密区间距用"/"分开,加密区间距在前,非加密区间距在后
支座负筋	4⏀16 或 2⏀22+2⏀25	数量+级别+直径,有不同的钢筋信息用"+"连接
	4⏀16　2/2 或 4⏀14/3⏀18	当存在多排钢筋时,使用"/"将各排钢筋自上而下分开
	4⏀16-2500	数量+级别+直径+长度,长度表示支座筋伸入跨内的长度。此种输入格式主要用于支座筋指定伸入跨内长度的设计方式
	4⏀16　2/2-1500/2000	数量+级别+直径+数量/数量-长度/长度。该输入格式表示:第一排支座筋 2⏀16,伸入跨内 1500,第二排支座筋 2⏀16 伸入跨内 2000
跨中筋	4⏀16 或 2⏀22+2⏀25	数量+级别+直径,有不同的钢筋信息用"+"连接
	4⏀16　2/2 或 4⏀14/3⏀18	当存在多排钢筋时,使用"/"将各排钢筋自上而下分开
	4⏀16+(2⏀18)	当有架立筋时,架立筋信息输在加号后面的括号中
	2-4⏀16	图号-数量+级别+直径,图号为悬挑梁弯起钢筋图号
下部钢筋	4⏀16 或 2⏀22+2⏀25	数量+级别+直径,有不同的钢筋信息用"+"连接
	4⏀16　2/2 或 6⏀14(-2)/4	当存在多排钢筋时,使用"/"将各排钢筋自上而下分开。当有下部钢筋不全部伸入支座时,将不伸入的数量用(-数量)的形式表示
次梁加筋	4	数量,表示次梁两侧共增加的箍筋数量,箍筋的信息和长度与梁一致

续表

钢筋类型	输入格式	说明
次梁加筋	4 ⊈ 16(2)	数量+级别+直径+肢数,肢数不输入时按照梁的箍筋肢数处理
	4 ⊈ 16(2)/3 ⊈ 18(4)	数量+级别+直径+肢数/数量+级别+直径+肢数,不同位置的次梁加筋可以使用"/"隔开
吊筋	4 ⊈ 16 或 4 ⊈ 14/3 ⊈ 18	数量+级别+直径,不同位置的次梁吊筋信息可以使用"/"隔开
加腋钢筋	4 ⊈ 16 或 4 ⊈ 14+3 ⊈ 18	数量+级别+直径,有不同的钢筋信息用"+"连接
	4 ⊈ 16 2/2 或 4 ⊈ 14/3 ⊈ 18	当存在多排钢筋时,使用"/"将各排钢筋自上而下分开
	4 ⊈ 16;3 ⊈ 18	数量+级别+直径;数量+级别+直径,左右端加腋钢筋信息不同时用";"隔开。没有分号隔开时,表示左右端配筋相同

3)梁的属性定义

(1)框架梁

以 KL6(7)为例,在导航树中单击"梁"→"梁",在"构件列表"中单击"新建"→"新建矩形梁",新建矩形梁 KL6(7)。根据 KL6(7)在结施-06 中的标注信息,在"属性列表"中输入相应的属性值,如图 3.49 所示。

	属性名称	属性值
1	名称	KL6(7)
2	结构类别	楼层框架梁
3	跨数量	7
4	截面宽度(mm)	300
5	截面高度(mm)	550
6	轴线距梁左边…	(150)
7	箍筋	Φ10@100/200(2)
8	肢数	2
9	上部通长筋	2Φ25
10	下部通长筋	
11	侧面构造或受…	G2Φ12
12	拉筋	(Φ6)
13	定额类别	板底梁
14	材质	预拌混凝土(泵送型)
15	混凝土类型	(粒径31.5砼32.5级坍落度35~50)
16	混凝土强度等级	(C30)
17	混凝土外加剂	(无)
18	混凝土类别	泵送商品砼
19	泵送类型	(混凝土泵)
20	泵送高度(m)	(3.85)
21	截面周长(m)	1.7
22	截面面积(m²)	0.165
23	起点顶标高(m)	层顶标高(3.85)
24	终点顶标高(m)	层顶标高(3.85)

图 3.49

【注意】

名称:根据图纸输入构件的名称 KL6(7),该名称在当前楼层的当前构件类型下唯一。

结构类别:结构类别会根据构件名称中的字母自动生成,也可根据实际情况进行选择,梁的结构类别下拉框选项中有 7 类,按照实际情况,此处选择"楼层框架梁",如图 3.50 所示。

图 3.50

跨数量:梁的跨数量,直接输入。没有输入的情况时,提取梁跨后会自动读取。

截面宽度(mm):梁的宽度,KL6(7)的梁宽为 300,在此输入 300。

截面高度(mm):梁的高度,KL6(7)的梁高为 500,在此输入 500。

轴线距梁左边线距离(mm):按默认即可。

箍筋:KL6(7)的箍筋信息为Φ10@100/200(2)。

肢数:通过单击省略号按钮选择肢数类型,KL6(7)为 2 肢箍。

上部通长筋:根据图纸集中标注,KL6(7)的上部通长筋为 2Φ25。

下部通长筋:根据图纸集中标注,KL6(7)无下部通长筋。

侧面构造或受扭筋(总配筋值):格式(G 或 N)数量+级别+直径,其中 G 表示构造钢筋,N 表示抗扭钢筋,根据图纸集中标注,KL6(7)有构造钢筋 2 根+三级钢+12 的直径(G2Φ12)。

拉筋:当有侧面纵筋时,软件按"计算设置"中的设置自动计算拉筋信息。当构件需要特殊处理时,可根据实际情况输入。

定额类别:可选择有梁板或非有梁板,该工程中框架梁绝大部分按有梁板进行定额类别的确定。

材质:现浇混凝土、预拌混凝土(泵送型)、预拌混凝土(非泵送型)、预制混凝土,KL6(7)的材质为预拌混凝土(泵送型)。

混凝土类型:当前构件的混凝土类型,可根据实际情况进行调整。这里的默认取值与楼层设置里的混凝土类型一致。

混凝土强度等级:混凝土的抗压强度。默认取值与楼层设置里的混凝土强度等级一致,根据图纸,框架梁的混凝土强度等级为 C30。

起点顶标高:在绘制梁的过程中,鼠标起点处梁的顶面标高,该 KL6(7)的起点顶标高为层顶标高。

终点顶标高:在绘制梁的过程中,鼠标终点处梁的顶面标高,该 KL6(7) 的起点顶标高为层顶标高。

备注:该属性值只是个标识,对计算不会起任何作用。

钢筋业务属性:如图 3.51 所示。

	属性名称	属性值	附加
25	□ 钢筋业务属性		
26	其他钢筋		
27	其他箍筋		□
28	保护层厚...	(20)	□
29	汇总信息	(梁)	□
30	抗震等级	(三级抗震)	□
31	锚固搭接	按默认锚固搭接计算	
32	计算设置	按默认计算设置计算	
33	节点设置	按默认节点设置计算	
34	搭接设置	按默认搭接设置计算	

图 3.51

其他钢筋:除了当前构件中已经输入的钢筋外,还有需要计算的钢筋,则可通过其他钢筋来输入。

其他箍筋:除了当前构件中已经输入的箍筋外,还有需要计算的箍筋,则可通过其他箍筋来输入。

保护层厚度:软件自动读取楼层设置中框架梁的保护层厚度为 20 mm,如果当前构件需要特殊处理,则可根据实际情况进行输入。

（2）非框架梁

非框架梁的属性定义同上面的框架梁。对于非框架梁,在定义时需要在属性的"结构类别"中选择相应的类别,如"非框架梁",其他属性与框架梁的输入方式一致,如图 3.52 所示。

	属性名称	属性值	附加
2	结构类别	非框架梁	□
3	跨数量	1	□
4	截面宽度(mm)	300	□
5	截面高度(mm)	550	□
6	轴线距梁左边线距离(m...	(150)	□
7	箍筋	Φ8@200(2)	□
8	胶数	2	
9	上部通长筋	2Φ22	□
10	下部通长筋		□
11	侧面构造或受扭筋(总配...	G2Φ12	□
12	拉筋	(Φ6)	□
13	定额类别	板底梁	
14	材质	预拌混凝土(泵送型)	
15	混凝土类型	(粒径31.5砼32.5级坍...	
16	混凝土强度等级	(C30)	□
17	混凝土外加剂	(无)	
18	混凝土类别	泵送商品砼	□
19	泵送类型	(混凝土泵)	
20	泵送高度(m)		
21	截面周长(m)	1.7	□
22	截面面积(m²)	0.165	□
23	起点顶标高(m)	层顶标高	□
24	终点顶标高(m)	层顶标高	□

图 3.52

4)梁的做法套用

框架梁 KL6 的做法套用如图 3.53 所示。

	编码	类别	名称	项目特征	单位	工程量表达式	表达式说明	单价	综合单价	措施项目	专业
1	⊟ 010505001001	项	有梁板	1.混凝土种类:商品砼 2.混凝土强度等级:C30	m3	TJ	TJ<体积>			☐	建筑工程
2	6-207	定	(C30泵送商品砼)有梁板		m3	TJ	TJ<体积>	460.85		☐	土建
3	⊟ 011702014001	项	有梁板 模板		m2	MBMJ	MBMJ<模板面积>			☑	建筑工程
4	21-59	定	现浇板厚度<20cm 复合木模板		m2	MBMJ	MBMJ<模板面积>	559.95		☑	土建

图 3.53

非框架梁 L1 的做法套用如图 3.54 所示。

	编码	类别	名称	项目特征	单位	工程量表达式	表达式说明	单价	综合单价	措施项目	专业
1	⊟ 010505001001	项	有梁板	1.混凝土种类:商品砼 2.混凝土强度等级:C30	m3	TJ	TJ<体积>			☐	建筑工程
2	6-207	定	(C30泵送商品砼)有梁板		m3	TJ	TJ<体积>	460.85		☐	土建
3	⊟ 011702014001	项	有梁板 模板		m2	MBMJ	MBMJ<模板面积>			☑	建筑工程
4	21-59	定	现浇板厚度<20cm 复合木模板		m2	MBMJ	MBMJ<模板面积>	559.95		☑	土建

图 3.54

5)梁画法讲解

梁在绘制时,要先绘制主梁后绘制次梁。通常,按先上后下、先左后右的方向来绘制,以保证所有的梁都能够绘制完全。

（1）直线绘制

梁为线形构件,直线形的梁采用"直线"绘制比较简单,如 KL6。在绘图界面,单击"直线"命令,单击梁的起点①轴与①轴的交点,单击梁的终点⑧轴与①轴的交点即可,如图 3.55 所示。图纸中 KL2~KL10b、非框架梁 L1 都可采用直线绘制。

图 3.55

（2）弧形绘制

在绘制③～④轴与Ⓐ～⑭轴间的 KL1（1）时，先从③轴与Ⓐ轴交点出发，绘制一段 3500 mm 的直线，再切换成"起点圆心终点弧"模式，如图 3.56 所示，捕捉圆心，再捕捉终点，完成 KL1 弧形段的绘制。

弧形段也可采用两点小弧的方法进行绘制，如果能准确确定弧上 3 个点，还可采用三点画弧的方式绘制。

（3）梁柱对齐

在绘制 KL6 时，对于Ⓓ轴上①～⑧轴间的 KL6，其中心线不在轴线上，但由于 KL6 与两端框架柱一侧平齐，因此，除了采用"Shift+左键"的方法偏移绘制之外，还可使用"对齐"命令。

①在轴线上绘制 KL6（7），绘制完成后，选择"建模"页签下"修改"面板中的"对齐"命令，如图 3.57 所示。

图 3.56   图 3.57

②根据提示，先选择柱上侧的边线，再选择梁上侧的边线，对齐成功后如图 3.58 所示。

图 3.58

（4）偏移绘制

对于有些梁，如果端点不在轴线的交点或其他捕捉点上，可采用偏移绘制也就是采用"Shift+左键"的方法捕捉轴线交点以外的点来绘制。

例如，绘制 L1，两个端点分别为：Ⓓ轴与④轴交点偏移 $X = 2300 + 200$，$Y = -3250 - 150$。Ⓓ轴与⑤轴交点偏移 $X = 0$，$Y = -3250 - 150$。

将鼠标放在Ⓓ轴和④轴的交点处，同时按下"Shift"键和鼠标左键，在弹出的"输入偏移值"对话框中输入相应的数值，单击"确定"按钮，这样就选定了第一个端点。采用同样的方法，确定第二个端点来绘制 L1。

（5）镜像绘制梁图元

①～④轴上布置的 KL7～KL9 与⑤～⑧轴上的 KL7～KL9 是对称的，因此可采用"镜像"

命令绘制此图元。点选镜像图元,单击鼠标右键选择"镜像",单击对称点一,再单击对称点二,在弹出的对话框中选择"否"即可。

6)梁的二次编辑

梁绘制完毕后,只是对梁集中标注的信息进行了输入,还需输入原位标注的信息。由于梁是以柱和墙为支座的,提取梁跨和原位标注之前,需要绘制好所有的支座。图中梁显示为粉色时,表示还没有进行梁跨提取和原位标注的输入,也不能正确地对梁钢筋进行计算。

对于有原位标注的梁,可通过输入原位标注来把梁的颜色变为绿色;对于没有原位标注的梁,可通过重提梁跨来把梁的颜色变为绿色,如图3.59所示。

图 3.59

软件中用粉色和绿色对梁进行区别,目的是提醒哪些梁已经进行了原位标注的输入,便于检查,防止出现忘记输入原位标注,影响计算结果的情况。

(1)原位标注

梁的原位标注主要有支座钢筋、跨中筋、下部钢筋、架立钢筋和钢筋。另外,变截面也需要在原位标注中输入。下面以Ⓑ轴的 KL4 为例,介绍梁的原位标注信息输入。

①在"梁二次编辑"面板中选择"原位标注"。

②选择要输入原位标注的 KL4,绘图区显示原位标注的输入框,下方显示平法表格。

③对应输入钢筋信息,有两种方式:

一是在绘图区域显示的原位标注输入框中输入,比较直观,如图 3.60 所示。

图 3.60

二是在"梁平法表格"中输入,如图 3.61 所示。

位置	名称	跨号	标高		构件尺寸(mm)							上通长筋	上部钢筋			下通长筋
			起点标高	终点标高	A1	A2	A3	A4	跨长	截面(B*H)	距左边线距离		左支座钢筋	跨中钢	右支座钢筋	
1	<4+50...	KL4(1)	1	3.85	3.85	(300)	(200)	(250)	(250)	(7150)	(300*600)	(150)	2⊕22	5⊕22 3/2		5⊕22 3/2	

图 3.61

绘图区域输入:按照图纸标注中 KL4 的原位标注信息输入;"1 跨左支座筋"输入"5 ⊕ 22 3/2",按"Enter"键确定;跳到"1 跨跨中筋",此处没有原位标注信息,不用输入,可以直接按"Enter"键跳到下一个输入框,或者用鼠标选择下一个需要输入的位置。例如,选择"1 跨右支座筋"输入框,输入"5 ⊕ 22 3/2";按"Enter"键跳到"下部钢筋",输入"4 ⊕ 25"。

【注意】

　　输入后按"Enter"键跳转的方式,软件默认的跳转顺序是左支座筋、跨中筋、右支座筋、下部钢筋,然后下一跨的左支座筋、跨中筋、右支座筋、下部钢筋。如果想要自己确定输入的顺序,可用鼠标选择需要输入的位置,每次输入之后,需要按"Enter"键或单击其他方框确定。

（2）重提梁跨

当遇到以下问题时,可使用"重提梁跨"功能:

①原位标注计算梁的钢筋需要重提梁跨,软件在提取了梁跨后才能识别梁的跨数、梁支座并进行计算。

②由于图纸变更或编辑梁支座信息,导致梁支座减少或增加,影响了梁跨数量,使用"重提梁跨"可以重新提取梁跨信息。

重提梁跨的操作步骤如下:

第一步:在"梁二次编辑"面板中选择"重提梁跨",如图 3.62 所示。

第二步:在绘图区域选择梁图元,出现如图 3.63 所示的提示信息,单击"确定"按钮即可。

图 3.62

图 3.63

（3）设置支座

如果存在梁跨数与集中标注中不符的情况,则可使用此功能进行支座的设置工作。操作步骤如下:

第一步:在"梁二次编辑"面板中选择"设置支座",如图 3.64 所示。

第二步:用鼠标左键选择需要设置支座的梁,如 KL3,如图 3.65 所示。

图 3.64

图 3.65

第三步:用鼠标左键选择或框选作为支座的图元,单击右键确定,如图 3.66 所示。

图 3.66

第四步：当支座设置错误时，还可采用"删除支座"的功能进行删除，如图 3.67 所示。

图 3.67

(4)梁标注的快速复制功能

分析结施-06，可以发现图中有很多同名的梁（如 KL1，KL2，KL5，KL7，KL8，KL9 等）。这时，不需要对每道梁都进行原位标注，直接使用软件提供的复制功能，即可快速对梁进行原位标注。

①梁跨数据复制。工程中不同名称的梁，梁跨的原位标注信息相同，或同一道梁不同跨的原位标注信息相同，通过该功能可以将当前选中的梁跨数据复制到目标梁跨上。复制内容主要是钢筋信息。例如 KL3，其③～④轴的原位标注与⑤～⑥轴完全一致，这时可使用梁跨数据复制功能，将③～④轴跨的原位标注复制到⑤～⑥轴中。

第一步：在"梁二次编辑"面板中选择"梁跨数据复制"，如图 3.68 所示。

图 3.68

第二步：在绘图区域选择需要复制的梁跨，单击鼠标右键结束选择，需要复制的梁跨选中后显示为红色，如图 3.69 所示。

图 3.69

第三步：在绘图区域选择目标梁跨，选中的梁跨显示为黄色，单击鼠标右键完成操作，如图3.70所示。

图 3.70

②应用到同名梁。当遇到以下问题时，可使用"应用到同名梁"功能。

如果图纸中存在多个同名称的梁，且原位标注信息完全一致，就可采用"应用到同名梁"功能来快速地实现原位标注信息的输入。如结施-06 中有 4 道 KL5，只需对一道 KL5 进行原位标注，运用"应用到同名梁"功能，实现快速标注。

第一步：在"梁二次编辑"面板中选择"应用到同名梁"，如图 3.71 所示。

图 3.71

第二步:选择应用方法,软件提供了 3 种选择,根据实际情况选用即可。包括同名称未提取跨梁、同名称已提取跨梁、所有同名称梁。单击"查看应用规则",可查看应用同名梁的规则。

同名称未提取跨梁:未识别的梁为浅红色,这些梁没有识别跨长和支座等信息。

同名称已提取跨梁:已识别的梁为绿色,这些梁已经识别了跨长和支座信息,但是原位标注信息没有输入。

所有同名称梁:不考虑梁是否已经识别。

【注意】

未提取梁跨的梁,图元不能捕捉。

第三步:用鼠标左键在绘图区域选择梁图元,单击右键确定,完成操作,则软件弹出应用成功的提示,在此可看到有几道梁应用成功。

(5)梁的吊筋和次梁加筋

在做实际工程时,吊筋和次梁加筋的布置方式一般都是在"结构设计总说明"中集中说明的,此时需要批量布置吊筋和次梁加筋。

《1 号办公楼施工图(含土建和安装)》在"结构设计总说明"中的钢筋混凝土梁第三条表示:在主次梁相交处,均在次梁两侧各设 3 组箍筋,且注明了箍筋肢数、直径同梁箍筋,间距为50 mm,因此需设置次梁加筋。在结施-05~08 的说明中也对次梁加筋进行了说明。

①在"梁二次编辑"面板中单击"生成吊筋",如图 3.72 所示。

②在弹出的"生成吊筋"对话框中,根据图纸输入次梁加筋的钢筋信息,如图 3.73 所示。假如有吊筋,也可在此输入生成。

图 3.72

图 3.73

③设置完成后,单击"确定"按钮,然后在图中选择要生成次梁加筋的主梁和次梁,单击右键确定,即可完成吊筋的生成。

【注意】

必须进行提取梁跨后,才能使用此功能自动生成;运用此功能同样可以整楼生成。

（6）配置梁侧面钢筋（拓展）

如果图纸原位标注中标注了侧面钢筋的信息，或是结构设计总说明中标明了整个工程的侧面钢筋配筋，那么，除了在原位标注中输入外，还可使用"生成侧面钢筋"的功能来批量配置梁侧面钢筋。

①在"梁二次编辑"面板中选择"生成侧面筋"。

②在弹出的"生成侧面筋"对话框中，点选"梁高"或是"梁腹板高"定义侧面钢筋，如图3.74所示，可利用插入行添加侧面钢筋信息，高和宽的数值要求连续。

图 3.74

其中"梁腹板高设置"可以修改相应下部纵筋排数对应的"梁底至梁下部纵筋合力点距离 s"。

根据规范和平法，梁腹板高度 H_w 应取有效高度，需要算至下部钢筋合力点。下部钢筋只有一排时，合力点为下部钢筋的中心点，则 H_w =梁高-板厚-保护层-下部钢筋半径，s =保护层+D/2；当下部钢筋为两排时，s 一般取 60 mm；当不需要考虑合力点时，则 s 输入 0，表示腹板高度 H_w =梁高-板厚。用户可根据实际情况进行修改，如图 3.75 所示。

③软件生成方式支持"选择图元"和"选择楼层"。"选择图元"在楼层中选择需要生成侧面钢筋的梁，单击鼠标右键确定。"选择楼层"则在右侧选择需要生成侧面筋的楼层，该楼层中所有的梁均生成侧面钢筋，如图 3.76 所示。

图 3.75

图 3.76

【说明】

生成的侧面钢筋支持显示钢筋三维。

利用此功能默认是输入原位标注侧面钢筋,遇支座断开,若要修改做法,进入"计算设置"中的"框架梁",可选择其他做法。

四、任务结果

1)查看钢筋工程量计算结果

前面讲述的柱和剪力墙构件,属于竖向构件。竖向构件在上下层没有绘制完全时,无法正确计算搭接和锚固,因此前述内容没有涉及构件图元钢筋计算结果的查看。对于梁这类水平构件,本层相关图元绘制完毕,就可以正确地计算钢筋量,并查看计算结果。

首先,选择"工程量"选项卡下的"汇总计算",选择要计算的层进行钢筋量的计算,然后就可以选择计算完毕的构件进行计算结果的查看。

①通过"编辑钢筋"查看每根钢筋的详细信息:以 KL4 为例,选中 KL4,单击"钢筋计算结果"面板下的"编辑钢筋"。

如图 3.77 所示,钢筋显示顺序为按跨逐个显示。"筋号"对应到具体钢筋;"图号"是软件对每一种钢筋形状的编号。"计算公式"和"公式描述"是对每根钢筋的计算过程进行描述,方便查量和对量;"搭接"是指单根钢筋超过定尺长度之后所需要的接长度和接头个数。

"编辑钢筋"中的数据还可以进行编辑,可根据需要对钢筋的信息进行修改,然后锁定该构件。

②单击"钢筋计算结果"面板下的"查看钢筋量",拉框选择或者点选需要查看的图元。软件可以一次性显示多个图元的计算结果,如图 3.78 所示。

编辑钢筋

|< < > >| | 插入 | 删除 | 缩尺配筋 | 钢筋信息 | 钢筋图库 | 其他 · 单构件钢筋总重(kg)：297.312

	筋号	直径(mm)	级别	图号	图形	计算公式	公式描述	长度	根数	搭接	损耗(%)	单重(kg)	总重(
1	1跨.上通长筋1	22	Φ	64	330 └─7660─┘ 330	500-20+15*d+6700+500-20+15*d	支座宽-保护层+…	8320	2	0	0	24.794	49.588
2	1跨.左支座筋1	22	Φ	18	330 └─2713	500-20+15*d+6700/3	支座宽-保护层+…	3043	1	0	0	9.068	9.068
3	1跨.左支座筋2	22	Φ	18	330 └─2155	500-20+15*d+6700/4	支座宽-保护层+…	2485	2	0	0	7.405	14.81
4	1跨.右支座筋1	22	Φ	18	330 └─2713	6700/3+500-20+15*d	搭接+支座宽-保…	3043	1	0	0	9.068	9.068
5	1跨.右支座筋2	22	Φ	18	330 └─2155	6700/4+500-20+15*d	搭接+支座宽-保…	2485	2	0	0	7.405	14.81
6	1跨.侧面构造筋	12	Φ	1	7060	15*d+6700+15*d	锚固+净长+锚固	7060	2	0	0	6.269	12.538

图 3.77

查看钢筋量 ─ □ ×

导出到Excel

钢筋总重(kg)：297.312

楼层名称	构件名称	钢筋总重(kg)	HPB300		HRB400				
			6	合计	10	12	22	25	合计
1	首层	KL4(1)[766]	297.312	2.034	2.034	51.876	12.538	97.344	133.52	295.278
2		合计：	297.312	2.034	2.034	51.876	12.538	97.344	133.52	295.278

图 3.78

　　图中显示构件的钢筋量，可按不同的钢筋类别和直径列出，并可对选择的多个图元的钢筋量进行合计。

　　用直线、三点画弧、对齐、镜像等方法将 KL1～KL10b，以及非框架梁 L1 按图纸要求绘制。绘制完成后，如图 3.79 所示。

图 3.79

2）查看土建工程量计算结果

汇总计算，首层梁清单定额工程量见表 3.15。

表 3.15　首层梁清单定额工程量

编码	项目名称	单位	工程量
010505001001	有梁板 （1）混凝土种类：商品混凝土 （2）混凝土强度等级：C30	m³	39.7621
6-207	（C30 泵送商品混凝土）有梁板	m³	39.7621
010503002001	矩形梁	m³	0.8375
6-194	（C30 泵送商品混凝土）单梁框架梁连续梁	m³	0.8375

汇总计算，首层梁钢筋工程量见表 3.16。

表 3.16　首层梁钢筋工程量

汇总信息	汇总信息钢筋总质量（kg）	构件名称	构件数量	HPB300	HRB400
		楼层名称：首层（绘图输入）		78.008	12639.845
梁	12717.853	KL1(1)[759]	1	1.8	352.656
		KL1(1)[786]	1	1.8	352.656
		KL10(3)[760]	1	3.842	657.138
		KL10a(3)[761]	1	2.26	346.017
		KL10b(1)[762]	1	1.017	136.623
梁	12717.853	KL2(2)[764]	2	5.198	782.648
		KL3(3)[765]	1	4.8	639.814
		KL4(1)[766]	1	2.034	295.278
		KL5(3)[768]	4	17.176	2771.372
		KL6(7)[771]	1	10.622	1673.508
		KL7(3)[772]	2	9.04	1338.956
		KL8(1)[774]	2	4.068	773.192
		KL8(1)[776]	2	3.842	745.85
		KL9(3)[778]	2	9.04	1670.124
		L1(1)[782]	1	1.469	131.142
		合计		78.008	12666.974

五、总结拓展

①梁的原位标注和平法表格的区别：选择"原位标注"时，可以在绘图区梁图元的位置输

入原位标注的钢筋信息,也可以在下方显示的表格中输入原位标注信息;选择"梁平法表格"时只显示下方的表格,不显示绘图区的输入框。

②捕捉点的设置:绘图时,无论是利用点画、直线还是其他的绘制方式,都需要捕捉绘图区的点,以确定点的位置和线的端点。该软件提供了多种类型点的捕捉,可以在状态栏设置捕捉,绘图时可以在"捕捉工具栏"中直接选择要捕捉的点类型,方便绘制图元时选取点,如图3.80所示。

③设置悬挑梁的弯起钢筋:当工程中存在悬挑梁并且需要计算弯起钢筋时,在软件中可以快速地进行设置及计算。首先,进入"钢筋设置"→"计算设置"→"节点设置"→

图3.80

"框架梁",在第29项设置悬挑梁钢筋图号,软件默认是2#图号,可以单击按钮选择其他图号(软件提供了6种图号供选择),节点示意图中的数值可进行修改。

④计算设置的修改范围是全部悬挑梁,如果修改单根悬挑梁,应选中单根梁,在平法表格"悬臂钢筋代号"中修改。

问题思考

(1)梁属于线形构件,可否使用矩形绘制?如果可以,哪些情况适合用矩形绘制?

(2)智能布置梁后,若位置与图纸位置不一样,怎样调整?

(3)如何绘制弧形梁?

3.4 首层板工程量计算

通过本节的学习,你将能够:

(1)依据定额和清单分析现浇板的工程量计算规则;

(2)分析图纸,进行正确的识图,读取板的土建及钢筋信息;

(3)定义现浇板、板受力筋、板负筋及分布筋的属性;

(4)绘制首层现浇板、板受力筋、板负筋及分布筋;

(5)统计板的土建及钢筋工程量。

一、任务说明

①完成首层板的属性定义、做法套用及图元绘制。

②汇总计算,统计本层板的土建及钢筋工程量。

二、任务分析

①首层板在计量时的主要尺寸有哪些?从哪个图中什么位置找到?有多少种板?

②板的钢筋类别有哪些,如何进行定义和绘制?

③板是如何套用清单定额的?

④板的绘制方法有哪几种?

⑤各种不同名称的板如何能快速套用做法?

三、任务实施

1)分析图纸

根据图纸结施-10来定义和绘制板及板的钢筋。

进行板的图纸分析时,应注意以下几个要点:

①本页图纸说明、厚度说明、配筋说明。

②板的标高。

③板的分类,相同板的位置。

④板的特殊形状。

⑤受力筋、板负筋的类型,跨板受力筋的位置和钢筋布置。

分析图纸结施-09~12,可以从中得到板的相关信息,包括地下室至4层的楼板,主要信息见表3.17。

表 3.17 板表

序号	类型	名称	混凝土强度等级	板厚 h(mm)	板顶标高	备注
1	普通楼板	LB-120	C30	120	层顶标高	
		LB-130	C30	130	层顶标高	
		LB-140	C30	140	层顶标高	
		LB-160	C30	160	层顶标高	

根据结施-10,详细查看首层板及板配筋信息。

在软件中,完整的板构件由现浇板、板筋(包含受力筋及负筋)组成,因此,板构件的钢筋计算包括以下两个部分:板定义中的钢筋和绘制的板筋(包括受力筋和负筋)。

2)现浇板定额、清单计算规则学习

(1)清单计算规则学习

板清单计算规则见表3.18。

表 3.18 板清单计算规则

编码	项目名称	单位	计算规则
010505001	有梁板	m³	按设计图示尺寸以体积计算,有梁板(包括主梁、次梁与板)按梁、板体积之和计算
011702014	有梁板 模板	m²	按模板与现浇混凝土构件的接触面积计算

(2)定额计算规则学习

板定额计算规则见表3.19。

表 3.19　板定额计算规则

编码	项目名称	单位	计算规则
6-207	（C30 泵送商品混凝土）有梁板	m³	按设计图示尺寸以体积计算。不扣除构件内钢筋、预埋铁件所占体积,伸入墙内的梁头、梁垫并入梁体积内
21-59	现浇板厚度<20 cm 复合木模板	10 m²	现浇混凝土及钢筋混凝土模板工程量除另有规定者外,均按混凝土与模板的接触面积计算。附墙柱侧面积并入墙模板工程量,单孔面积小于等于 0.3 m² 的孔洞不予扣除,洞侧壁模板亦不增加;大于 0.3 m² 的孔洞应予扣除,洞侧壁模板面积并入墙模板工程量中

3）板的属性定义和做法套用

（1）板的属性定义

下面以结施-10 中©～①轴、②～③轴所围的 LB-160 为例,介绍板的属性定义方法。在导航树中选择"板"→"现浇板",在构件列表中选择"新建"→"新建现浇板"。在属性列表中输入相应的属性值,如图 3.81 所示。

	属性名称	属性值	附加
1	名称	LB-160	
2	厚度(mm)	160	☐
3	类别	有梁板	☐
4	是否是楼板	是	☐
5	混凝土类型	(粒径31.5砼32.5级坍落度35~50)	☐
6	混凝土强度等级	(C30)	☐
7	混凝土外加剂	(无)	
8	混凝土类别	泵送商品砼	☐
9	泵送类型	(混凝土泵)	
10	泵送高度(m)		
11	顶标高(m)	层顶标高	☐
12	备注		☐
13	⊕ 钢筋业务属性		
24	⊕ 土建业务属性		
30	⊕ 显示样式		

图 3.81

【说明】

①名称:根据图纸输入构件的名称,该名称在当前楼层的当前构件类型下唯一。

②厚度:现浇板的厚度,单位 mm。

③类别:选项为有梁板、无梁板、平板、拱板等。

④是否是楼板:主要与计算超高模板、超高体积起点判断有关,若是,则表示构件可以向下找到该构件作为超高计算的判断依据,若否,则超高计算的判断与该板无关。

⑤材质:不同地区计算规则对应的材质有所不同。

其中钢筋业务属性，如图 3.82 所示。

13	⊟ 钢筋业务属性		
14	其他钢筋		
15	保护层厚度(mm)	(15)	☐
16	汇总信息	(现浇板)	☐
17	马凳筋参数图		☐
18	马凳筋信息		☐
19	线形马凳筋方向	平行横向受力筋	☐
20	拉筋		☐
21	马凳筋数量计算方式	向上取整+1	☐
22	拉筋数量计算方式	向上取整+1	☐
23	归类名称	(B-h160)	☐

图 3.82

【说明】

①保护层厚度：软件自动读取楼层设置中的保护层厚度，如果当前构件需要特殊处理，则可根据实际情况进行输入。

②马凳筋参数图：可编辑马凳筋类型，参见"帮助文档"中《GTJ2018 钢筋输入格式详解》"五、板"的"01 现浇板"。

③马凳筋信息：参见《GTJ2018 钢筋输入格式详解》中"五、板"的"01 现浇板"。

④线形马凳筋方向：对Ⅱ型、Ⅲ型马凳筋起作用，设置马凳筋的布置方向。

⑤拉筋：板厚方向布置拉筋时，输入拉筋信息，输入格式：级别+直径+间距×间距或者数量+级别+直径。

⑥马凳筋数量计算方式：设置马凳筋根数的计算方式，默认取"计算设置"中设置的计算方式。

⑦拉筋数量计算方式：设置拉筋根数的计算方式，默认取"钢筋设置计算设置"节点设置—板拉筋布置方式中设置的计算方式。

其中，土建业务属性如图 3.83 所示。

24	⊟ 土建业务属性		
25	计算设置	按默认计算设置	
26	计算规则	按默认计算规则	
27	支模高度	按默认计算设置	☐
28	模板类型	复合木模板	☐
29	超高底面标高	按默认计算设置	☐

图 3.83

【说明】

①计算设置：用户可自行设置构件土建计算信息，软件将按设置的计算方法计算。

②计算规则：软件内置全国各地清单及定额计算规则，同时用户可自行设置构件土建计算规则，软件将按设置的计算规则计算。

（2）板的做法套用

LB-160 的做法套用如图 3.84 所示。

	编码	类别	名称	项目特征	单位	工程量表达式	表达式说明	单价	标目单价	措施项目	专业
1	☐ 010505001001	项	有梁板	1.混凝土种类:商品砼 2.混凝土强度等级:C30	m3	TJ	TJ<体积>			☐	建筑工程
2	6-207	定	(C30泵送商品砼)有梁板		m3	TJ	TJ<体积>	460.85		☐	土建
3	☐ 011702014001	项	有梁板 模板		m2	MBMJ	MBMJ<模板面积>			☑	建筑工程
4	21-59	定	现浇板厚度<20cm 复合木模板		m2	MBMJ	MBMJ<模板面积>	559.95		☑	土建

图 3.84

4）板画法讲解

（1）点画绘制板

仍以 LB-160 为例，单击"点"命令，在 LB-160 区域单击鼠标左键，即可布置 LB-160，如图 3.85 所示。

图 3.85

（2）直线绘制板

仍以 LB-160 为例，单击"直线"命令，用鼠标左键分别单击 LB-160 边界区域的交点，围成一个封闭区域，即可布置 LB-160，如图 3.86 所示。

（3）矩形绘制

如果图中没有围成封闭区域的位置，可采用"矩形"画法来绘制板。单击"矩形"命令，选择板图元的一个顶点，再选择对角的顶点，即可绘制一块矩形板。

（4）自动生成板

当板下的梁、墙绘制完毕，且图中板类别较少时，可使用自动生成板，软件会自动根据图中梁和墙围成的封闭区域来生成整层的板。自动生成完毕之后，需要对照图纸，修改软件中与图纸中信息不符的部分，在软件中相应位置删除图纸中无板的地方。

图 3.86

5)板受力筋的属性定义和绘制

(1)板受力筋的属性定义

在导航树中选择"板"→"板受力筋",在构件列表中选择"新建"→"新建板受力筋",以
ⓒ~ⓓ轴、②~③轴上的板受力筋Φ 10@ 150 为例,新建板受力筋 SLJ-Φ 10@ 150,根据 SLJ-Φ
10@ 150 在图纸中的布置信息,在"属性编辑框"中输入相应的属性值,如图 3.87 所示。

	属性名称	属性值	附加
	属性列表 图层管理		
1	名称	SLJ-Φ10@150	
2	类别	底筋	☐
3	钢筋信息	Φ10@150	☐
4	左弯折(mm)	(0)	☐
5	右弯折(mm)	(0)	☐
6	备注		☐
7	⊟ 钢筋业务属性		
8	钢筋锚固	(35)	
9	钢筋搭接	(42)	
10	归类名称	(SLJ-Φ10@150)	☐
11	汇总信息	(板受力筋)	☐
12	计算设置	按默认计算设置计算	
13	节点设置	按默认节点设置计算	
14	搭接设置	按默认搭接设置计算	
15	长度调整(...		☐
16	⊞ 显示样式		

图 3.87

【说明】

①名称:结施图中没有定义受力筋的名称,用户可根据实际情况输入较容易辨认的名称,这里按钢筋信息输入"SLJ-⊈10@150"。

②类别:在软件中可以选择底筋、面筋、中间层筋和温度筋,根据图纸信息进行正确选择,在此为底筋,也可以不选择,在后面绘制受力筋时可重新设置钢筋类别。

③钢筋信息:按照图中钢筋信息输入"⊈10@150"。

④左弯折和右弯折:按照实际情况输入受力筋的端部弯折长度。软件默认为"0",表示按照计算设置中默认的"板厚−2倍保护层厚度"来计算弯折长度。此处关系钢筋计算结果,如果图纸中没有特殊说明,不需要修改。

⑤钢筋锚固和搭接:取楼层设置中设定的数值,可根据实际图纸情况进行修改。

(2)板受力筋的绘制

在构件列表中选择"板受力筋",单击"建模",在"板受力筋二次编辑"中单击"布置受力筋",如图3.88所示。

图3.88

布置板的受力筋,按照布置范围有"单板""多板""自定义"和"按受力筋范围"布置;按照钢筋方向有"XY方向""水平"和"垂直"布置,还有"两点""平行边""弧线边布置放射筋"以及"圆心布置放射筋",如图3.89所示。

| ⦿ 单板 | ◯ 多板 | ◯ 自定义 | ◯ 按受力筋范围 | ◯ XY 方向 | ⦿ 水平 | ◯ 垂直 | ◯ 两点 | ◯ 平行边 | ◯ 弧线边布置放射筋 | ◯ 圆心布置放射筋 |

图3.89

由图纸可知,LB-160的板受力筋只有底筋,底筋X、Y方向的钢筋信息一致,都是⊈10@150,因此采用"双向布置"。

①选择布置范围为"单板",布置方向为"双向布置",选择板LB-160,弹出如图3.90所示的对话框。

图3.90

【说明】

①双向布置:适用于某种钢筋类别在两个方向上布置的信息相同的情况。

②双网双向布置:适用于底筋与面筋在 X 和 Y 两个方向上钢筋信息全部相同的情况。

③XY 向布置:适用于底筋的 X、Y 方向信息不同,面筋的 X、Y 方向信息不同的情况。

④选择参照轴网:可以选择以哪个轴网的水平和竖直方向为基准进行布置,不勾选时,以绘图区域水平方向为 X 方向、竖直方向为 Y 方向。

②由于 LB-160 的板受力筋只有底筋,而且在两个方向上的布置信息是相同的,因此选择"双向布置",在"钢筋信息"中选择相应的受力筋名称 SLJ-Φ10@150,单击"确定"按钮,即可布置单板的受力筋,如图 3.91 所示。

再以©～①轴与⑤～⑥轴的 LB-160 的受力筋布置为例,该位置的 LB-160 只有底筋,板受力筋 X、Y 方向的底筋信息不相同,则可采用"XY 向布置",如图 3.92 所示。

图 3.91

图 3.92

©～①轴与⑤～⑥轴的 LB-160 板受力筋布置图(详见结施-10),如图 3.93 所示;受力筋布置完成后如图 3.94 所示。

图 3.93

图 3.94

（3）应用同名称板

LB-160 的钢筋信息，除了Ⓒ~Ⓓ轴与⑤~⑥轴的 LB-160 上的板受力筋配筋不同外，其余的都是相同的，下面使用"应用同名板"来布置其他同名板的钢筋。

①选择"建模"→"板受力筋二次编辑"→"应用同名板"命令，如图 3.95 所示。

图 3.95

②选择已经布置上钢筋的Ⓒ~Ⓓ轴与②~③轴的 LB-160 图元，单击鼠标右键确定，则其他同名称的板都布置上了相同的钢筋信息。同时，Ⓒ~Ⓓ轴与⑤~⑥轴的 LB-160 也会布置同样的板受力筋，将其对应图纸进行正确修改即可。

对于其他板的钢筋，可采用相应的布置方式进行布置。

6）跨板受力筋的定义与绘制

下面以结施-10 中的Ⓑ~Ⓒ轴、②~③轴的楼板的跨板受力筋Φ12@200 为例，介绍跨板受力筋的定义和绘制。

（1）跨板受力筋的属性定义

在导航树单击"板"→"板受力筋"，在"板受力筋"的"构件列表"中，单击"新建"→"新建跨板受力筋"，如图 3.96 所示。

软件将弹出如图 3.97 所示的新建跨板受力筋界面。

图 3.96   图 3.97

左标注和右标注：左右两边伸出支座的长度，根据图纸中的标注进行输入。

马凳筋排数：根据实际情况输入。

标注长度位置：可选择支座中心线、支座内边线和支座外边线，如图 3.98 所示。根据图纸中标注的实际情况进行选择。此工程选择"支座外边线"。

图 3.98

分布钢筋：结施-01（2）中说明，板厚小于 110 mm 时，分布钢筋的直径、间距为 φ 6@ 200，板厚 120~160 mm 时，分布钢筋的直径、间距为 φ 8@ 200。因此，此处输入 φ 8@ 200。

也可以在计算设置中对相应的项进行输入，这样就不用针对每一个钢筋构件进行输入了。具体参考"2.2 计算设置"中钢筋设置的部分内容。

（2）跨板受力筋的绘制

对于该位置的跨板受力筋，可采用"单板"和"垂直"布置的方式来绘制。选择"单板"，再选择"垂直"，单击Ⓑ~Ⓒ轴、②~③轴的楼板，即可布置垂直方向的跨板受力筋。其他位置的跨板受力筋采用同样的方式布置。

跨板受力筋绘制完成后，需选中绘制好的跨板受力筋，查看其布置范围，如果布置范围与图纸不符，则需要移动其编辑点至正确的位置，如图 3.99 所示。

图 3.99

7）负筋的属性定义与绘制

下面以结施-10 中 8 号负筋为例，介绍负筋的属性定义和绘制，如图 3.100 所示。

（1）负筋的属性定义

在导航树中，单击"板"→"板负筋"，在"构件列表"中单击"新建"→"新建板负筋"。在"属性列表"中定义板负筋的属性，8 号负筋的属性如图 3.101 所示。

图 3.100

	属性名称	属性值	附加
1	名称	FJ-Φ10@200	
2	钢筋信息	Φ10@200	☐
3	左标注(mm)	1500	☐
4	右标注(mm)	0	☐
5	马凳筋排数	1/1	☐
6	单边标注位置	(支座内边线)	☐
7	左弯折(mm)	(0)	☐
8	右弯折(mm)	(0)	☐
9	分布钢筋	(Φ8@200)	☐
10	备注		☐
11	⊞ 钢筋业务属性		
19	⊞ 显示样式		

图 3.101

左标注和右标注:8 号负筋只有一侧标注,左标注输入"1500",右标注输入"0"。

单边标注位置:根据图中实际情况,选择"支座内边线"。

对Ⓒ~Ⓓ轴 LB-160 在②轴上的 10 号负筋Φ12@200 的属性定义,如图 3.102 所示。

对于左右均有标注的负筋,有"非单边标注含支座宽"的属性,指左右标注的尺寸是否含支座宽度,这里根据实际图纸情况选择"否",其他内容与 8 号负筋输入方式一致。按照同样的方式定义其他的负筋。

	属性名称	属性值	附加
1	名称	FJ-C12@200	
2	钢筋信息	Φ12@200	☐
3	左标注(mm)	1500	☐
4	右标注(mm)	1500	☐
5	马凳筋排数	1/1	☐
6	非单边标注含...	(否)	☐
7	左弯折(mm)	(0)	☐
8	右弯折(mm)	(0)	☐
9	分布钢筋	(Φ8@200)	☐
10	备注		☐
11	⊞ 钢筋业务属性		
19	⊞ 显示样式		

图 3.102

(2)负筋的绘制

负筋定义完毕后,回到绘图区域,对②~③轴、Ⓒ~Ⓓ轴的 LB-160 进行负筋的布置。

①对于上侧 8 号负筋,单击"板负筋二次编辑"面板上的"布置负筋",选项栏则会出现布置方式,有按梁布置、按圈梁布置、按连梁布置、按墙布置、按板边布置及画线布置,如图 3.103 所示。

图 3.103

可选择"按梁布置"或"按板边布置",将鼠标移动到梁上或板边,则梁上或板边显示一道蓝线,同时显示出负筋的预览图,确定方向,单击即可布置成功。

②对于②轴上的 10 号负筋,可选择"按梁布置",将鼠标移动到梁上,则梁上显示一道蓝线,并且显示出负筋的预览图,单击即可布置成功。

本工程中的负筋除了"按梁布置"或"按板边布置",也可选择"画线布置"。

将所有板及板内所有钢筋绘制完毕,完成后如图 3.104 所示。

图 3.104

四、任务结果

汇总计算,首层板清单、定额工程量,见表 3.20。

表 3.20 首层板清单、定额工程量

编码	项目名称	单位	工程量
010505001001	有梁板 (1)混凝土种类:商品混凝土 (2)混凝土强度等级:C30	m³	110.5985
6-207	(C30 泵送商品混凝土)有梁板	m³	110.5985

汇总计算,首层板钢筋工程量,见表 3.21。

表 3.21　首层板钢筋工程量

汇总信息	HPB300		HRB400			
	8	合计(t)	8	10	12	合计(t)
板负筋	0.331	0.331	0.082	0.397	1.092	1.571
板受力筋	0.219	0.219	0.211	3.846	1.15	5.207
合计(t)	0.55	0.55	0.293	4.243	2.242	6.778

五、总结拓展

①当板顶标高与层顶标高不一致时,在绘制板后可以通过单独调整这块板的属性来调整标高。

②通过观察④轴与⑤轴之间,左边与右边的板可以通过镜像绘制,绘制方法与柱镜像绘制方法相同。

③板属于面式构件,绘制方法和其他面式构件相似。

④在绘制跨板受力筋或负筋时,若左右标注和图纸标注正好相反,可以使用"交换标注"功能进行调整。

问题思考

(1)用点画法绘制板需要注意哪些事项?对绘制区域有什么要求?

(2)当板为有梁板时,板与梁相交时的扣减原则是什么?

3.5　首层砌体结构工程量计算

通过本节的学习,你将能够:

(1)依据定额和清单分析砌体墙的工程量计算规则;

(2)运用点加长度绘制墙图元;

(3)统计本层砌体墙的阶段性工程量;

(4)正确计算砌体加筋工程量。

一、任务说明

①完成首层砌体墙的属性定义、做法套用、图元绘制。

②汇总计算,统计本层砌体墙的工程量。

二、任务分析

①首层砌体墙在计量时的主要尺寸有哪些?从哪个图中的什么位置找到?有多少种类

的墙？

②砌体墙不在轴线上如何使用点加长度绘制？

③砌体墙中清单计算的厚度与定额计算的厚度不一致时该如何处理？墙的清单项目特征描述是如何影响定额匹配的？

④虚墙的作用是什么？如何绘制？

三、任务实施

1) 分析图纸

分析图纸建施-01、建施-04、建施-09、结施-01（2），图纸的本地化说明，可以得到砌体墙的基本信息，见表 3.22。

表 3.22　砌体墙

序号	类型	砌筑砂浆	材质	墙厚（mm）	标高	备注
1	外墙	M5 水泥砂浆	轻骨料混凝土小型空心砌块	250	−0.05～+3.85	梁下墙
2	内墙	M5 水泥砂浆	轻骨料混凝土小型空心砌块	200	−0.05～+3.85	梁下墙

2) 砌体墙清单、定额计算规则学习

（1）清单计算规则

砌体墙清单计算规则，见表 3.23。

表 3.23　砌体墙清单计算规则

编码	项目名称	单位	计算规则
010402001	砌块墙	m³	按设计图示尺寸以体积计算

（2）定额计算规则

砖墙定额计算规则，见表 3.24。

表 3.24　砌体墙定额计算规则

编码	项目名称	单位	计算规则
4-19	（M5 混合砂浆）轻骨料混凝土小型空心砌块厚 190 mm	m³	按设计图示尺寸以砌体墙外形体积计算
4-20	（M5 混合砂浆）轻骨料混凝土小型空心砌块厚 240 mm	m³	按设计图示尺寸以砌体墙外形体积计算

3) 砌体墙属性定义

新建砌体墙的方法参见新建剪力墙的方法，这里只是简单地介绍新建砌体墙需要注意的事项。

内/外墙标志:外墙和内墙要区别定义,因为其除了影响自身工程量外,还影响其他构件的智能布置。这里可以根据工程实际需要对标高进行定义,如图 3.105 和图 3.106 所示。本工程是按照软件默认的高度进行设置的,软件会根据定额的计算规则对砌体墙和混凝土相交的地方进行自动处理。

	属性列表		
	属性名称	属性值	附加
1	名称	QTQ-1	
2	厚度(mm)	200	☐
3	轴线距左墙皮...	(100)	☐
4	砌体通长筋	2Φ6@600	☐
5	横向短筋		☐
6	材质	轻骨料混凝土小型空心砌块	☐
7	砂浆类型	(水泥砂浆)	☐
8	砂浆标号	(M5)	☐
9	内/外墙标志	(内墙)	☑
10	类别	砌体墙	
11	起点顶标高(m)	层顶标高	☐
12	终点顶标高(m)	层顶标高	☐
13	起点底标高(m)	层底标高	☐
14	终点底标高(m)	层底标高	☐

图 3.105

	属性列表		
	属性名称	属性值	附加
1	名称	QTQ-2	
2	厚度(mm)	250	☐
3	轴线距左墙皮...	(125)	☐
4	砌体通长筋	2Φ6@600	☐
5	横向短筋		☐
6	材质	轻骨料混凝土小型空心砌块	☐
7	砂浆类型	(水泥砂浆)	☐
8	砂浆标号	(M5)	☐
9	内/外墙标志	(外墙)	☑
10	类别	砌体墙	
11	起点顶标高(m)	层顶标高	☐
12	终点顶标高(m)	层顶标高	☐
13	起点底标高(m)	层底标高	☐
14	终点底标高(m)	层底标高	☐

图 3.106

4)做法套用

砌块墙做法套用,如图 3.107 所示。

	编码	类别	名称	项目特征	单位	工程量表达式	表达式说明	单价
1	⊟ 010402001001	项	砌块墙	1.砖品种、规格、强度等级:200厚轻骨料砼小型空心砌块 2.墙体类型:内墙 3.砂浆强度等级、配合比:水泥砂浆M5.0	m3	TJ	TJ<体积>	
2	4-19	定	(M5混合砂浆)轻骨料砼小型空心砌块墙厚190mm		m3	TJ	TJ<体积>	418.56

图 3.107

5)画法讲解

(1)直线

直线画法跟梁构件画法类似,可参照梁构件绘制进行操作。

(2)点加长度

在③轴与Ⓐ轴相交处到②轴与Ⓐ轴相交处的墙体,向左延伸了 1400 mm(中心线距离),墙体总长度为 6000 mm+1400 mm,单击"直线",选择"点加长度",在长度输入框中输入"7400",如图 3.108 所示。接着,在绘图区域单击③轴与Ⓐ轴的交点,再向左找到②轴与Ⓐ轴的交点,即可实现该段墙体的绘制。最后,使用"对齐"命令,将墙体与柱边对齐即可。

(3)偏移绘制

用"Shift+左键"可绘制偏移位置的墙体。在直线绘制墙体状态下,按住"Shift"键的同时单击②轴和Ⓐ轴的相交点,弹出"输入偏移量"对话框,在"X="的地方输入"-1400",单击"确定"按钮,然后向着Ⓐ轴的方向绘制墙体。

按照"直线"画法,将其他位置的砌体墙绘制完毕。

图 3.108

四、任务结果

汇总计算，首层砌体墙清单、定额工程量，见表 3.25。

表 3.25　首层砌体墙清单、定额工程量

编码	项目名称	单位	工程量
010402001001	砌块墙 （1）砖品种、规格、强度等级：200 mm 厚轻骨料混凝土小型空心砌块 （2）墙体类型：内墙 （3）砂浆强度等级、配合比：水泥砂浆 M5.0	m³	94.2896
4-19	（M5 混合砂浆）轻骨料混凝土小型空心砌块墙厚 190 mm	m³	94.2896
010402001002	砌块墙 （1）砖品种、规格、强度等级：250 mm 厚轻骨料混凝土小型空心砌块 （2）墙体类型：外墙 （3）砂浆强度等级、配合比：水泥砂浆 M5.0	m³	70.2014
4-20	（M5 混合砂浆）轻骨料混凝土小型空心砌块墙厚 240 mm	m³	70.2014
010402001004	砌块墙 （1）砖品种、规格、强度等级：100 mm 厚轻骨料混凝土小型空心砌块 （2）墙体类型：外墙 （3）砂浆强度等级、配合比：水泥砂浆 M5.0	m³	7.7156
4-17	（M5 混合砂浆）轻骨料混凝土小型空心砌块墙厚 120 mm	m³	7.7156

【说明】

因砌体墙的工程量将受到洞口面积的影响，因此，统计需在门窗洞口构造柱、圈梁等构件绘制完毕后，再次进行砌体墙的工程量的汇总计算。

五、总结拓展

1）软件对内外墙定义的规定

该软件为方便内外墙的区分以及平整场地散水、建筑面积进行外墙外边线的智能布置，

需要人为进行内外墙的设置。

2)砌体加筋的定义和绘制(在完成门窗洞口、圈梁、构造柱等后进行操作)

(1)分析图纸

分析结施-01(2),可知7.砌体墙中"(3)砌体墙与柱、抗震墙及构造柱连接处应设拉结筋,做法见图8",以及"(7)墙体加筋为2φ6@600,遇到圈梁、框架梁起步为200 mm,遇到构造柱锚固为200 mm,遇到门窗洞口退一个保护层(60 mm),加弯折(60 mm),遇到过梁梁头也是退一个保护层(60 mm),加弯折(60 mm)"。

(2)砌体加筋的定义

下面以④轴和⑧轴交点处L形砌体墙位置的加筋为例,介绍砌体加筋的定义和绘制。

①在导航树中,选择"墙"→"砌体加筋",在"构件列表"中单击"新建"→"新建砌体加筋"。

②根据砌体加筋所在的位置选择参数图形,软件中有L形、T形、十字形和一字形供选择,各自适用于相应形状的砌体相交形式。例如,对于④轴和⑧轴交点处L形砌体墙位置的加筋,选择L形的砌体加筋定义和绘制。

a.选择参数化图形:选择"L-5形"。砌体加筋参数图的选择主要看钢筋的形式,只要选择的钢筋形式与施工图中完全一致即可。

b.参数输入:Ls1和Ls2指两个方向的加筋伸入砌体墙内的长度,输入"700";b1指竖向砌体墙的厚度,输入"200";b2指横向砌体墙的厚度,输入"200",如图3.109所示。单击"确定"按钮,回到属性输入界面。

图3.109

c.根据需要输入名称,按照总说明,每侧钢筋信息为2φ6@600,1#加筋、2#加筋分别输入"2φ6@600",如图3.110所示。

d.结合结施-01(2)中"7.砌体墙"中的墙体加筋的说明遇到圈梁、框架梁起步为200 mm,遇到构造柱锚固为200 mm,因此加筋伸入构造柱的锚固长度需要在计算设置中设定。因为本工程所有砌体加筋的形式和锚固长度一致,所以可以在"工程设置"选项卡中选择"钢筋设置"→"计算设置",针对整个工程的砌体加筋进行设置,如图3.111所示。

	属性名称	属性值
1	名称	LJ-2
2	砌体加筋形式	L-5形
3	1#加筋	2Φ6@600
4	2#加筋	2Φ6@600
5	其它加筋	
6	备注	
7	⊟ 钢筋业务属性	
8	其它钢筋	
9	计算设置	按默认计算设置...
10	汇总信息	(砌体拉结筋)
11	⊞ 显示样式	

图 3.110

图 3.111

砌体加筋的钢筋信息和锚固长度设置完毕后，定义构件完成。按照同样的方法可定义其他位置的砌体加筋。

（3）砌体加筋的绘制

绘图区域中，在④轴和⑧轴交点处绘制砌体加筋，单击"点"，选择"旋转点"，单击所在位置，再单击垂直向下的点确定方向，绘制完成，如图 3.112 所示。

当所绘制的砌体加筋与墙体不对齐时，可采用"对齐"功能将其对应到所在位置。

其他位置加筋的绘制，可根据实际情况选择"点"画法或者"旋转点"画法，也可以使用"生成面体加筋"。

以上所述，砌体加筋的定义绘制流程如下：新建→选择参数图→输入截面参数→输入钢筋信息→计算设置（本工程一次性设置完毕就不用再设）→绘制。

图 3.112

问题思考

(1)思考"Shift+左键"的方法还可以应用在哪些构件的绘制中？

(2)框架间墙的长度怎样计算？

(3)在定义墙构件属性时为什么要区分内、外墙的标志？

3.6 门窗、洞口及附属构件工程量计算

通过本节的学习，你将能够：

(1)正确计算门窗、洞口的工程量；

(2)正确计算过梁、圈梁及构造柱的工程量。

3.6.1 门窗、洞口的工程量计算

通过本小节的学习，你将能够：

(1)定义门窗洞口；

(2)绘制门窗图元；

(3)统计本层门窗的工程量。

一、任务说明

①完成首层门窗、洞口的属性定义、做法套用及图元绘制。

②使用精确和智能布置绘制门窗。

③汇总计算,统计本层门窗的工程量。

二、任务分析

①首层门窗的尺寸种类有多少？影响门窗位置的离地高度如何设置？门窗在墙中是如何定位的？

②门窗的清单与定额如何匹配？

③不精确布置门窗有可能影响哪些项目的工程量？

三、任务实施

1)分析图纸

分析图纸建施-01、建施-03、建施-09 至建施-10,可以得到门窗的信息,见表3.26。

表 3.26　门窗表

编码	名称	规格（洞口尺寸）（mm）		数量（樘）						备注
		宽	高	地下1层	1层	2层	3层	4层	总计	
FM 甲 1021	甲级防火门	1 000	2 100	2					2	甲级防火门
FM 乙 1121	乙级防火门	1100	2100	1	1				2	乙级防火门
M5021	旋转玻璃门	5000	2100		1				1	甲方确定
M1021	木质夹板门	1000	2100	18	20	20	20	20	98	甲方确定
C0924	塑钢窗	900	2400		4	4	4	4	16	详见立面
C1524	塑钢窗	1500	2400		2	2	2	2	8	详见立面
C1624	塑钢窗	1600	2400	2	2	2	2	2	10	详见立面
C1824	塑钢窗	1800	2400		2	2	2	2	8	详见立面
C2424	塑钢窗	2400	2400		2	2	2	2	8	详见立面
PC1	飘窗（塑钢窗）	见平面	2400		2	2	2	2	8	详见立面
C5027	塑钢窗	5000	2700			1	1	1	3	详见立面

2)门窗清单、定额计算规则学习

（1）清单计算规则学习

门窗清单计算规则,见表3.27。

表 3.27　门窗清单计算规则

编码	项目名称	单位	计算规则
010801001	木质门	m^2	（1）以樘计量,按设计图示数量计算
010805002	旋转门	m^2	
010802003	钢质防火门	m^2	（2）以"m^2"计量,按设计图示洞口尺寸以面积计算
010807001	金属（塑钢、断桥）窗	m^2	

（2）定额计算规则学习

门窗定额计算规则，见表3.28。

表3.28　门窗定额计算规则

编码	项目名称	单位	计算规则
9-66	平开木板大门 无小门	樘	按图示设计尺寸以个数计算
16-18	手动全玻旋转门	樘	
9-77	防火门	樘	
16-3	铝合金窗 推拉窗安装	10 m²	按图示设计尺寸以面积计算

3）门窗的属性定义

（1）门的属性定义

在导航树中单击"门窗洞"→"门"。在"构件列表"中选择"新建"→"新建矩形门"，在属性编辑框中输入相应的属性值。

①洞口宽度、洞口高度：从门窗表中可以直接得到属性值。

②框厚：输入门实际的框厚尺寸，对墙面块料面积的计算有影响，本工程输入"60"。

③立樘距离：门框中心线与墙中心间的距离，默认为"0"。如果门框中心线在墙中心线左边，该值为负，否则为正。

④框左右扣尺寸、框上下扣尺寸：如果计算规则要求门窗按框外围面积计算，输入框扣尺寸。

图 3.113

M1021，M5021 和 FM乙1121 的属性值，如图 3.113—图 3.115 所示。

图 3.114　　　　　　　　　　图 3.115

（2）窗的属性定义

在导航树中选择"门窗洞"→"窗"，在"构件列表"中选择"新建"→"新建矩形窗"，新建"矩形窗 C0924"。

注意：窗离地高度＝50 mm＋600 mm＝650 mm（相对结构标高−0.050 m 而言），如图3.116所示。

图 3.116

窗的属性值，如图 3.117 所示。

	属性名称	属性值
1	名称	C0924
2	类别	普通窗
3	顶标高(m)	层底标高+3.05(3)
4	洞口宽度(mm)	900
5	洞口高度(mm)	2400
6	离地高度(mm)	650
7	框厚(mm)	60
8	立樘距离(mm)	0
9	洞口面积(m²)	2.16
10	框外围面积(m²)	(2.16)
11	框上下扣尺寸(...	0
12	框左右扣尺寸(...	0
13	是否随墙变斜	是
14	备注	
15	⊞ 钢筋业务属性	
20	⊞ 土建业务属性	
22	⊞ 显示样式	

图 3.117

其他窗可通过"复制"定义，并修改名称和洞口宽度，如图 3.118—图 3.121 所示。

4）门窗做法套用

M1021 做法套用如图 3.122 所示，M5021 做法套用如图 3.123 所示，FM乙1121 做法套用如图 3.124 所示，C0924 做法套用如图 3.125 所示，其他几个窗做法套用同 C0924。

5）门窗洞口的画法讲解

门窗洞构件属于墙的附属构件，也就是说，门窗洞构件必须绘制在墙上。

（1）门的绘制

①智能布置：若门窗正好位于墙段中点，则可使用"智能布置-墙段中点"的命令，如图3.126所示。

属性列表			
	属性名称	属性值	附加
1	名称	C1824	
2	类别	普通窗	☐
3	顶标高(m)	层底标高+3.05	☐
4	洞口宽度(mm)	1800	☐
5	洞口高度(mm)	2400	☐
6	离地高度(mm)	650	☐
7	框厚(mm)	60	☐
8	立樘距离(mm)	0	☐
9	洞口面积(m²)	4.32	☐
10	框外围面积(m²)	(4.32)	☐
11	框上下扣尺寸(...	0	☐
12	框左右扣尺寸(...	0	☐
13	是否随墙变斜	是	☐
14	备注		☐
15	⊞ 钢筋业务属性		
20	⊞ 土建业务属性		
22	⊞ 显示样式		

图 3.118

属性列表			
	属性名称	属性值	附加
1	名称	C1624	
2	类别	普通窗	☐
3	顶标高(m)	层底标高+3.05	☐
4	洞口宽度(mm)	1600	☐
5	洞口高度(mm)	2400	☐
6	离地高度(mm)	650	☐
7	框厚(mm)	60	☐
8	立樘距离(mm)	0	☐
9	洞口面积(m²)	3.84	☐
10	框外围面积(m²)	(3.84)	☐
11	框上下扣尺寸(...	0	☐
12	框左右扣尺寸(...	0	☐
13	是否随墙变斜	是	☐
14	备注		☐
15	⊞ 钢筋业务属性		
20	⊞ 土建业务属性		
22	⊞ 显示样式		

图 3.119

属性列表			
	属性名称	属性值	附加
1	名称	C1524	
2	类别	普通窗	
3	顶标高(m)	层底标高+3.05	☐
4	洞口宽度(mm)	1500	☐
5	洞口高度(mm)	2400	☐
6	离地高度(mm)	650	☐
7	框厚(mm)	60	☐
8	立樘距离(mm)	0	☐
9	洞口面积(m²)	3.6	☐
10	框外围面积(m²)	(3.6)	☐
11	框上下扣尺寸(...	0	
12	框左右扣尺寸(...	0	☐
13	是否随墙变斜	是	☐
14	备注		☐
15	⊞ 钢筋业务属性		
20	⊞ 土建业务属性		
22	⊞ 显示样式		

图 3.120

属性列表			
	属性名称	属性值	附加
1	名称	C2424	
2	类别	普通窗	
3	顶标高(m)	层底标高+3.3	☐
4	洞口宽度(mm)	2400	☐
5	洞口高度(mm)	2400	☐
6	离地高度(mm)	650	☐
7	框厚(mm)	60	☐
8	立樘距离(mm)	0	☐
9	洞口面积(m²)	5.76	☐
10	框外围面积(m²)	(5.76)	☐
11	框上下扣尺寸(...	0	☐
12	框左右扣尺寸(...	0	☐
13	是否随墙变斜	是	☐
14	备注		☐
15	⊞ 钢筋业务属性		
20	⊞ 土建业务属性		
22	⊞ 显示样式		

图 3.121

	编码	类别	名称	项目特征	单位	工程量表达式	表达式说明	单价	综合单价
1	⊟ 010801001001	项	木质门	1. 门代号及洞口尺寸：M1021 2. 门框或扇外围尺寸：1000*2100mm 3. 门框、扇材料：木质夹板门	樘	SL	SL〈数量〉		
2	9-66	定	平开木板大门 无小门		樘	SL	SL〈数量〉	526.62	

图 3.122

	编码	类别	名称	项目特征	单位	工程量表达式	表达式说明	单价	综合单价
1	⊟ 010805002001	项	旋转门	1. 门代号及洞口尺寸：M5021 2. 门框或扇外围尺寸：5000*2100mm 3. 门框、扇材料：全玻璃转门	樘	SL	SL〈数量〉		
2	16-18	定	手动全玻旋转门 直径2m, 不锈钢柱 φ76 钢化玻璃安装		樘	SL	SL〈数量〉	37908.87	

图 3.123

	编码	类别	名称	项目特征	单位	工程量表达式	表达式说明	单价	综合单价
1	☐ 010802003002	项	钢质防火门	1.门代号及洞口尺寸:FM乙1121 2.门框或扇外围尺寸:1100*2100mm 3.门框、扇材质:乙级钢质防火门	樘	SL	SL<数量>		
2	9-77	定	防火门		樘	SL	SL<数量>	278.6	

图 3.124

	编码	类别	名称	项目特征	单位	工程量表达式	表达式说明	单价	综合单价
1	☐ 010807001002	项	金属(塑钢、断桥)窗	1.窗代号及洞口尺寸:C0924 2.框外或扇外围尺寸:900*2400mm 3.框、扇材质:塑钢	m2	DKMJ	DKMJ<洞口面积>		
2	16-3	定	铝合金窗 推拉窗安装		m2	DKMJ	DKMJ<洞口面积>	2935.03	

图 3.125

图 3.126

②精确布置:当门窗紧邻柱等构件布置时,考虑其上过梁与旁边的柱、墙扣减关系,则需要使用"精确布置"命令,对这些门窗精确定位。以②轴⑥轴交界处的 M1021 为例,左键选择②轴⑥轴交界处,在输入框中输入偏移值:600,回车,如图 3.127 所示。

图 3.127

③"Tab":若发现方向错误,可利用"Tab"键交换左右输入框,如图 3.128 所示。

图 3.128

④复制:可利用"复制"命令,快速完成建模,如图 3.129 所示。

图 3.129

⑤镜像:可利用"镜像"命令,快速完成建模,如图 3.130 所示。

(2)窗的绘制

①"点"绘制。若对门窗位置要求不是很精确,直接采用"点"命令绘制即可。在使用"点"命令绘制时,软件默认开启动态输入的数值框,可直接输入一边距墙端头的距离,或通

过"Tab"键切换输入框，如图 3.131 所示。

图 3.130

图 3.131

②精确布置：以Ⓐ、②~③轴线的 C0924 为例，用鼠标左键单击Ⓐ轴和②轴交点，输入"850"，然后按"Enter"键即可。其他操作方法类似，如图 3.132 所示。

图 3.132

③长度标注：可利用"长度标注"命令，检查门窗布置的位置是否正确，如图 3.133 所示。

图 3.133

④镜像：可利用"镜像"命令，快速完成建模。

6) 阳台处转角窗的属性定义和绘制

①识图：根据图纸建施-04 和建施-12 中的①号大样图，可以查看阳台处转角窗的位置及标高等信息。如顶标高：3.05 m，底标高：0.350 m，如图 3.134 所示。

②转角窗的属性定义及做法套用如图 3.135 所示（在软件中需要考虑建筑与结构标高相差 0.050）。

图 3.134

图 3.135

③绘图:选择"智能布置"→"墙",拉框选择转角窗下的墙体,如图 3.136 所示。

图 3.136

7) 飘窗的属性定义和绘制

①识图:建施-04 和建施-01 中的②号大样图,可以查看飘窗的位置及标高等信息,如图 3.137 所示。飘窗钢筋信息见结施-10 中 1—1 详图,如图 3.138 所示。

图 3.137

图 3.138

②定义飘窗:如图 3.139 所示。

修改相关属性值,如图 3.140 所示。

③做法套用:如图 3.141 所示。

④绘制。采用精确布置方法,如图 3.142 所示。

建施-04 中右侧飘窗操作方法相同,也可使用"镜像"命令完成绘制。

图 3.139

图 3.140

图 3.141

图 3.142

四、任务结果

汇总计算,首层门窗清单、定额工程量见表 3.29。

表 3.29　首层门窗清单、定额工程量

编码	项目名称	单位	工程量
010801001001	木质门 门代号及洞口尺寸:M1021	樘	20
9-66	平开木板大门 无小门	樘	20
010802003002	钢质防火门 门代号及洞口尺寸:FM乙1121	樘	1
9-77	防火门	樘	1
010805002001	旋转门 门代号及洞口尺寸:M5021	樘	1
16-18	手动全玻旋转门 直径 2 m,不锈钢柱 φ76 钢化玻璃安装	樘	1
010807001001	金属(塑钢、断桥)窗 窗代号及洞口尺寸:C1624	m²	7.68
16-3	铝合金窗 推拉窗安装	10 m²	0.768
010807001002	金属(塑钢、断桥)窗 窗代号及洞口尺寸:C0924	m²	8.64
16-3	铝合金窗 推拉窗安装	10 m²	0.864
010807001003	金属(塑钢、断桥)窗 窗代号及洞口尺寸:C1524	m²	7.2
16-3	铝合金窗 推拉窗安装	10 m²	0.72
010807001004	金属(塑钢、断桥)窗 窗代号及洞口尺寸:C1824	m²	17.28

续表

编码	项目名称	单位	工程量
16-3	铝合金窗 推拉窗安装	10 m²	1.728
010807001005	金属（塑钢、断桥）窗 窗代号及洞口尺寸：C2424	m²	17.28
16-3	铝合金窗 推拉窗安装	10 m²	1.728
010807001006	金属（塑钢、断桥）窗 窗代号及洞口尺寸：ZJC1	m²	54.108
16-4	铝合金窗 固定窗安装	10 m²	5.4108
010807007001	金属（塑钢、断桥）飘（凸）窗 窗代号：PC1	樘	2
D001	飘窗	樘	2

问 题思考

在什么情况下需要对门、窗进行精确定位？

3.6.2 过梁、圈梁、构造柱的工程量计算

通过本小节的学习，你将能够：

（1）依据定额和清单分析过梁、圈梁、构造柱的工程量计算规则；

（2）定义过梁、圈梁、构造柱；

（3）绘制过梁、圈梁、构造柱；

（4）统计本层过梁、圈梁、构造柱的工程量。

一、任务说明

①完成首层过梁、圈梁、构造柱的属性定义、做法套用及图元绘制。

②汇总计算，统计首层过梁、圈梁、构造柱的工程量。

二、任务分析

①首层过梁、圈梁、构造柱的尺寸种类分别有多少？分别从哪个图中的什么位置找到？

②过梁伸入墙长度如何计算？

③如何快速使用智能布置和自动生成过梁、构造柱？

三、任务实施

1）分析图纸

（1）圈梁

分析图纸结施-01（2）可知，所有外墙窗下标高处增加钢筋混凝土现浇带，截面尺寸为墙

厚×180。

（2）过梁

分析图纸结施-01（2）可知,过梁尺寸及配筋表,如图3.143所示。

过梁尺寸及配筋表

门窗洞口宽度	≤1200		>1200 且≤2400		>2400 且≤4000		>4000 且≤5000	
断面 b×h	b×120		b×180		b×300		b×400	
配筋 \ 墙厚	①	②	①	②	①	②	①	②
b≤90	2φ10	2Φ14	2Φ12	2Φ16	2Φ14	2Φ18	2Φ16	2Φ20
90<b<240	2φ10	3Φ12	2Φ12	3Φ14	2Φ14	3Φ16	2Φ16	3Φ20
b≥240	2φ10	4Φ12	2Φ12	4Φ14	2Φ14	4Φ16	2Φ16	4Φ20

图 3.143

（3）构造柱

结施-01（2）中构造柱的尺寸、钢筋信息及布置位置,如图3.144所示。

图 3.144

2）清单、定额计算规则学习

（1）清单计算规则

过梁、圈梁、构造柱清单计算规则,见表3.30。

表 3.30　过梁、圈梁、构造柱清单计算规则

编码	项目名称	单位	计算规则
010503005	过梁	m³	按设计图示尺寸以体积计算。伸入墙内的梁头、梁垫并入梁体积内
011702009	过梁 模板	m²	按模板与现浇混凝土构件的接触面积计算
010503004	圈梁	m³	按设计图示尺寸以体积计算。伸入墙内的梁头、梁垫并入梁体积内
011702008	圈梁 模板	m²	按模板与现浇混凝土构件的接触面积计算

续表

编码	项目名称	单位	计算规则
010502002	构造柱	m³	按设计图示尺寸以体积计算。柱高:构造柱按全高计算,嵌接墙体部分(马牙槎)并入柱身体积
011702003	构造柱 模板	m²	按模板与现浇混凝土构件的接触面积计算

(2)定额计算规则学习

过梁、圈梁、构造柱定额计算规则,见表 3.31。

表 3.31　过梁、圈梁、构造柱定额计算规则

编码	项目名称	单位	计算规则
6-197	(C25 泵送商品混凝土)过梁	m³	按设计图示尺寸以体积计算
21-44	现浇过梁 复合木模板	10 m²	现浇混凝土及钢筋混凝土模板工程量除另有规定者外,均按混凝土与模板的接触面积计算
6-196	(C20 泵送商品混凝土)圈梁	m³	按设计图示尺寸以体积计算。伸入墙内的梁头、梁垫并入梁体积内
21-42	现浇圈梁、地坑支撑梁 复合木模板	10 m²	现浇混凝土及钢筋混凝土模板工程量除另有规定者外,均按混凝土与模板的接触面积计算
6-17	(C20 混凝土)构造柱	m³	按设计图示尺寸以体积计算。柱高:构造柱按全高计算,嵌接墙体部分(马牙槎)并入柱身体积
21-32	现浇构造柱 复合木模板	10 m²	现浇混凝土及钢筋混凝土模板工程量除另有规定者外,均按混凝土与模板的接触面积计算

3)属性定义及做法套用

①圈梁属性定义及做法套用,如图 3.145 所示。

②过梁属性定义及做法套用。

分析首层外墙厚为 250 mm,内墙厚为 200 mm。分析建施-01 门窗表可知,门的宽度为 5000,1100,1000 mm,窗的宽度为 900,1500,1600,1800,2400 mm,则可依据门窗宽度新建过梁信息,如图 3.146—图 3.149 所示。"GL-1 外"是指在厚度为 250 mm 的外墙、C0924 上;"GL-1 内"是指在厚度为 200 mm 的外墙、M1021 上。

③构造柱属性定义及做法套用,如图 3.150 所示。

图 3.145

图 3.146

图 3.147

图 3.148

图 3.149

图 3.150

4）绘制构件

（1）圈梁绘制

利用"智能布置"→"墙中心线"命令，选中外墙，如图3.151所示。

图 3.151

（2）过梁绘制

①GL-1外：单击"智能布置"→"门窗洞口宽度"，在弹出的窗口中输入相应数据，如图3.152和图3.153所示。单击"确定"按钮即可完成GL-1的布置。

图 3.152

图 3.153

②GL-1内：单击"智能布置"→"门窗洞口宽度"，在弹出的窗口中输入相应数据，如图3.154所示。

③GL-2：单击"智能布置"→"门窗洞口宽度"，在弹出的窗口中输入相应数据，如图3.155所示。

④GL-3：可用点功能绘制，如图3.156所示。

图 3.154 图 3.155

图 3.156

（3）构造柱绘制

按照结施-01(2)图 9 所示位置绘制上去即可。其绘制方法同柱,可选择窗的端点,按"Shift"键,弹出"请输入偏移值"对话框,输入偏移值,如图 3.157 所示。

单击"确定"按钮,完成后如图 3.158 所示。

图 3.157

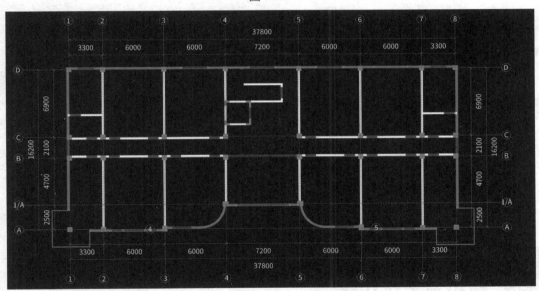

图 3.158

四、任务结果

汇总计算,首层过梁、圈梁、构造柱的清单、定额工程量,见表 3.32。

表 3.32 过梁、圈梁、构造柱的清单、定额工程量

编码	项目名称	单位	工程量
010502002001	构造柱 (1)混凝土种类:商品混凝土 (2)混凝土强度等级:C25	m³	4.3398
6-17 H80210118 80214004	(C20 混凝土)构造柱 换为【C25 混凝土坍落度 130～150 mm 泵送 16 mm 32.5】	m³	4.3398

续表

编码	项目名称	单位	工程量
010503004001	圈梁 (1)混凝土种类:商品混凝土 (2)混凝土强度等级:C25	m³	2.6996
6-196 H80212103 80212104	(C20 泵送商品混凝土)圈梁 换为【C25 预拌混凝土(泵送)】	m³	2.6996
010503005001	过梁 (1)混凝土种类:商品混凝土 (2)混凝土强度等级:C25	m³	2.4031
6-197 H80212103 80212104	(C20 泵送商品混凝土)过梁 换为【C25 预拌混凝土(泵送)】	m³	2.4031

五、总结拓展

圈梁的属性定义

在导航树中单击"梁"→"圈梁",在构件列表中单击"新建"→"新建圈梁",在属性编辑框中输入相应的属性值,绘制完圈梁后,需手动修改圈梁标高。

问题思考

(1)简述构造柱的设置位置。

(2)为什么外墙窗顶没有设置圈梁?

(3)自动生成构造柱符合实际要求吗? 如果不符合,则需要做哪些调整?

3.7 楼梯工程量计算

通过本节的学习,你将能够:

正确计算楼梯的土建及钢筋工程量。

3.7.1 楼梯的定义和绘制

通过本小节的学习,你将能够:

(1)分析整体楼梯包含的内容;

(2)定义参数化楼梯;

(3)绘制参数化楼梯;

(4)统计各层楼梯的土建工程量。

一、任务说明

①使用参数化楼梯来完成楼梯的属性定义及做法套用。
②汇总计算,统计楼梯的工程量。

二、任务分析

①楼梯由哪些构件组成? 每一构件对应哪些工作内容? 做法如何套用?
②如何正确地编辑楼梯各构件的工程量表达式?

三、任务实施

1)分析图纸

分析图纸建施-13、结施-13 及各层平面图可知,本工程有一部楼梯,即位于④~⑤轴与
⑥~⑦轴间的楼梯。楼梯从负一层开始到第三层。

依据定额计算规则,可知楼梯按照水平投影面积计算混凝土和模板面积;通过分析图纸
可知,TZ1 工程量不包含在整体楼梯中,需单独计算。

2)清单、定额计算规则学习

(1)清单计算规则

楼梯清单计算规则,见表 3.33。

表 3.33　楼梯清单计算规则

编码	项目名称	单位	计算规则
010506001	直形楼梯	m²	按实际图示尺寸以水平投影面积计算。不扣除宽度小于 500 mm 的楼梯井,伸入墙内部分不计算
011702024	楼梯 模板	m²	按楼梯(包括休息平台、平台梁、斜梁和楼层板的连接梁)的水平投影面积计算,不扣除宽度小于等于 500 mm 的楼梯井所占面积,楼梯踏步、踏步板、平台梁等侧面模板不另计算,伸入墙内部分亦不增加

(2)定额计算规则

楼梯定额计算规则,见表 3.34。

表 3.34　楼梯定额计算规则

编码	项目名称	单位	计算规则
6-213	(C20 泵送商品混凝土)直形楼梯	m²	整体楼梯(包括休息平台、平台梁、斜梁及楼梯的连接梁)按水平投影面积计算,不扣除宽度小于 500 mm 的楼梯井,伸入墙内部分亦不增加
21-74	现浇楼梯 复合木模板	10 m²	现浇混凝土及钢筋混凝土模板工程量除另有规定者外,均按混凝土与模板的接触面积计算

3) 楼梯属性定义

楼梯是按水平投影面积计算的,因此可以按照水平投影面积布置,也可绘制参数化楼梯或者组合楼梯。特别需要注意的是,如果需要计算楼梯装修的工程量,应建立参数化楼梯或者组合楼梯,在此先介绍参数化楼梯的绘制方法。

(1)新建楼梯

由图纸可知,本工程楼梯为直形双跑楼梯。在导航树中选择"楼梯"→"楼梯",在构件列表中单击"新建"→"新建参数化楼梯"。在弹出的窗口左侧选择"标准双跑 1",同时按照结施-13 更改右侧窗口中的绿色数据,单击"确定"按钮即可完成,如图 3.159 所示。

图 3.159

(2)定义属性

结合结施-13,对 1 号楼梯进行属性定义,如图 3.160 所示。

	属性名称	属性值	附加
1	名称	LT-1	
2	截面形状	标准双跑I	☐
3	建筑面积计算...	不计算	☐
4	混凝土强度等级	(C20)	☐
5	底标高(m)	层底标高	☐
6	备注		☐
7	⊟ 钢筋业务属性		
8	其它钢筋		
9	汇总信息	(楼梯)	☐
10	⊟ 土建业务属性		
11	计算规则	按默认计算规则	

图 3.160

4) 做法套用

1 号楼梯的做法套用,如图 3.161 所示。

	编码	类别	名称	项目特征	单位	工程量表达式	表达式说明	单价	综合单价	措施项目	专业
1	010506001001	项	直形楼梯	直形楼梯	m2	TYMJ	TYMJ〈水平投影面积〉			☐	建筑工程
2	6-213 H80212103 80212105	换	（C20泵送商品砼）直形楼梯 换为【C30预拌混凝土(泵送)】		m2水平投影面积	TYMJ	TYMJ〈水平投影面积〉	993.33		☐	土建
3	011702024001	项	楼梯 模板		m2	TYMJ	TYMJ〈水平投影面积〉			☑	建筑工程
4	21-74	定	现浇楼梯 复合木模板		m2水平投影面积	TYMJ	TYMJ〈水平投影面积〉	1596.31		☑	土建

图 3.161

5) 楼梯画法讲解

首层楼梯绘制。楼梯可以用"点"绘制,用 F4 改变插入点,用"移动"命令辅助绘制。使用"点"命令绘制时,可开启"旋转点角度"输入框。绘制完毕的参数化楼梯如图 3.162 所示。

图 3.162

四、任务结果

汇总计算,首层楼梯清单、定额工程量,见表 3.35。

表 3.35　首层楼梯清单、定额工程量

编码	项目名称	单位	工程量
010506001001	直形楼梯	m²	16.535
6-213 H80212103 80212105	（C20 泵送商品混凝土）直形楼梯　换为【C30 预拌混凝土(泵送)】	10 m² 水平投影面积	1.6535

五、知识拓展

组合楼梯的绘制

组合楼梯就是将楼梯拆分为梯段、平台板、梯梁、栏杆扶手等,每个构件都要单独定义、单独绘制,绘制方法如下:

(1)组合楼梯构件的定义

①直形梯段的属性定义:单击"新建直形梯段",按照结施-13 的信息输入相应数据,如图 3.163 所示。

图 3.163

②休息平台的属性定义：单击"新建现浇板"，按照结施-13 的信息输入相应数据，如图 3.164 所示。

图 3.164

③梯梁的属性定义：单击"新建矩形梁"，按照结施-13 的信息输入相应数据，如图 3.165 所示。

（2）做法套用

做法套用与上述楼梯做法套用相同。

（3）直形梯段画法

直形梯段建议用"矩形"绘制，绘制后若梯段方向错误，可单击"设置踏步起始边"命令，调整梯段方向。梯段绘制完毕如图 3.166 所示。通过观察图 3.166 可知，用直形梯段绘制的楼梯没有栏杆扶手，若需绘制栏杆扶手，可依次单击"其他"→"栏杆扶手"→"新建"→"新建栏杆扶手"建立栏杆扶手，可利用"智能布置"→"梯段、台阶、螺旋板"命令布置栏杆扶手。

（4）梯梁的绘制

梯梁的绘制参考梁的部分内容。

（5）休息平台的绘制

休息平台的绘制参考板部分的内容。

	属性名称	属性值
1	名称	TL1
2	结构类别	楼层框架梁
3	跨数量	1
4	截面宽度(mm)	200
5	截面高度(mm)	400
6	轴线距梁左边...	(100)
7	箍筋	Φ8@200(2)
8	胶数	2
9	上部通长筋	2Φ14
10	下部通长筋	3Φ16
11	侧面构造或受...	
12	拉筋	
13	定额类别	板底梁
14	材质	预拌混凝土(泵送型)
15	混凝土类型	(粒径31.5砼32.5级坍...
16	混凝土强度等级	(C30)
17	混凝土外加剂	(无)
18	混凝土类别	泵送商品砼
19	泵送类型	(混凝土泵)
20	泵送高度(m)	(5.65)

图 3.165

图 3.166

问 题思考

整体楼梯的工程量中是否包含TZ？

3.7.2 表格输入法计算楼梯梯板钢筋工程量

通过本小节的学习,你将能够:

正确运用表格输入法计算钢筋工程量。

一、任务说明

在表格输入中运用参数输入法完成首层楼梯的钢筋量计算。

二、任务分析

以首层 1 号楼梯为例,分析结施-13 及建施-13,读取梯板的相关信息,如梯板厚度、钢筋信息及梯梁信息等。

三、任务实施

①如图 3.167 所示,切换到"工程量"选项卡,单击"表格输入"。

图 3.167

②在"表格输入"界面单击"构件",添加构件"AT1",根据图纸信息,输入 AT1 的相关属性信息,如图 3.168 所示。

图 3.168

③新建构件后,单击"参数输入",在弹出的"图集列表"中,选择相应的楼梯类型,如图 3.169 所示,以 AT 型楼梯为例。

图 3.169

④在右侧的图形显示图中,根据结施-13、建施-13 和图集要求修改钢筋信息和截面信息,如图3.170所示。输入完毕后,选择"计算保存"。

图 3.170

⑤以上建立的是梯段钢筋,还有平台板的钢筋没有输入。平台板的输入有两种方法:一种方法适用于没有建立板的情况,先在图 3.165 中选择新建 A—A 平台板或者 B—B 平台板,再输入相应钢筋信息。另一种方法适用于已建立板的情况,按照本书 3.4 节中讲解的方法,输入相应钢筋信息即可。

四、任务结果

单击"工程量"→"查看报表",选择"钢筋报表量"中的表格,即可查看钢筋汇总或者明细表。任务结果参考第 10 章表 10.1 输入。

问 题思考

参数化楼梯中的钢筋是否包括梯梁和平台板中的钢筋?

4 第二、三层工程量计算

通过本章的学习,你将能够:
(1)掌握层间复制图元的方法;
(2)掌握修改构件图元的方法。

4.1 二层工程量计算

通过本节的学习,你将能够:
掌握层间复制图元的两种方法。

一、任务说明

①使用层间复制方法完成二层柱、梁、板、墙体、门窗的做法套用及图元绘制。
②查找首层与二层的不同部分,将不同部分进行修正。
③汇总计算,统计二层柱、梁、板、墙体、门窗的工程量。

二、任务分析

①对比二层与首层的柱、梁、板、墙体、门窗都有哪些不同,分别从名称、尺寸、位置、做法4个方面进行对比。
②"从其他层复制"命令与"复制到其他层"命令有什么不同?

三、任务实施

1)分析图纸

(1)分析框架柱

分析图纸结施-04,二层框架柱和首层框架柱相比,截面尺寸、混凝土强度等级基本相同,不同的是钢筋信息全部发生了变化。

(2)分析梁

分析图纸结施-05 和结施-06,二层的梁和一层的梁相比截面尺寸、混凝土强度等级基本相同,唯一不同的是Ⓑ/④~⑤轴处 KL4 发生了变化。

（3）分析板

分析图纸结施-08 和结施-09，二层的板和一层的板相比，④~⑤/Ⓐ~Ⓑ轴增加了 130 mm的板，⑤~⑥/Ⓒ~Ⓓ轴区域底部的 X 方向钢筋有变化。④/Ⓐ~Ⓑ轴范围负筋有变化。

（4）分析墙

分析图纸建施-04、建施-05，二层砌体与一层砌体基本相同。分析图纸结施-06 和结施-07，二层电梯井壁与一层电梯井壁相同。

（5）分析门窗

分析图纸建施-04、建施-05，二层门窗与一层门窗基本相同。二层在 ⑪ᴬ④~⑤轴为 C5027。

2）画法讲解

从其他楼层复制图元（图 4.1）。在二层，单击"从其他层复制"，源楼层选择"首层"，图元选择"柱、墙、门窗洞、梁、板"，目标楼层选择"第 2 层"（图 4.2），单击"确定"按钮，弹出"图元复制成功"提示框。

图 4.1

图 4.2

3）修改构件

为避免漏掉一些构件，复制后的构件可按照画图的顺序修改。

二层构件的修改方法如下：

①分别修改柱的钢筋信息，如图 4.3—图 4.8 所示。

	属性名称	属性值	附加
1	名称	KZ1	
2	结构类别	框架柱	☐
3	定额类别	普通柱	☐
4	截面宽度(B边)(...	500	☐
5	截面高度(H边)(...	500	☐
6	全部纵筋		
7	角筋	4Φ22	☐
8	B边一侧中部筋	3Φ16	☐
9	H边一侧中部筋	3Φ16	☐
10	箍筋	Φ8@100(4*4)	☐
11	节点区箍筋		☐
12	箍筋胶数	4*4	
13	柱类型	(中柱)	☐
14	材质	预拌混凝土(泵送型)	
15	混凝土类型	(粒径31.5砼32.5级坍落度35~50)	
16	混凝土强度等级	(C30)	☐
17	混凝土外加剂	(无)	
18	混凝土类别	泵送商品砼	☐
19	泵送类型	(混凝土泵)	
20	泵送高度(m)		
21	截面面积(m²)	0.25	☐
22	截面周长(m)	2	☐
23	顶标高(m)	层顶标高	☐
24	底标高(m)	层底标高	☐

截面编辑

图 4.3

	属性名称	属性值	附加
1	名称	KZ2	
2	结构类别	框架柱	☐
3	定额类别	普通柱	☐
4	截面宽度(B边)(...	500	☐
5	截面高度(H边)(...	500	☐
6	全部纵筋		
7	角筋	4Φ22	☐
8	B边一侧中部筋	3Φ16	☐
9	H边一侧中部筋	3Φ16	☐
10	箍筋	Φ8@100/200(4*4)	☐
11	节点区箍筋		☐
12	箍筋胶数	4*4	
13	柱类型	(中柱)	☐
14	材质	预拌混凝土(泵送型)	
15	混凝土类型	(粒径31.5砼32.5级坍落度35~50)	
16	混凝土强度等级	(C30)	☐
17	混凝土外加剂	(无)	
18	混凝土类别	泵送商品砼	☐
19	泵送类型	(混凝土泵)	
20	泵送高度(m)		
21	截面面积(m²)	0.25	☐
22	截面周长(m)	2	☐
23	顶标高(m)	层顶标高	☐
24	底标高(m)	层底标高	☐

截面编辑

图 4.4

	属性名称	属性值	附加
1	名称	KZ3	
2	结构类别	框架柱	☐
3	定额类别	普通柱	☐
4	截面宽度(B边)(...	500	☐
5	截面高度(H边)(...	500	☐
6	全部纵筋		
7	角筋	4Φ22	☐
8	B边一侧中部筋	3Φ18	☐
9	H边一侧中部筋	3Φ18	☐
10	箍筋	Φ8@100/200(4*4)	☐
11	节点区箍筋		☐
12	箍筋胶数	4*4	
13	柱类型	(中柱)	☐
14	材质	预拌混凝土(泵送型)	
15	混凝土类型	(粒径31.5砼32.5级坍落度35~50)	
16	混凝土强度等级	(C30)	☐
17	混凝土外加剂	(无)	
18	混凝土类别	泵送商品砼	☐
19	泵送类型	(混凝土泵)	
20	泵送高度(m)		
21	截面面积(m²)	0.25	☐
22	截面周长(m)	2	☐
23	顶标高(m)	层顶标高	☐
24	底标高(m)	层底标高	☐

截面编辑

图 4.5

	属性名称	属性值	附加
1	名称	KZ4	
2	结构类别	框架柱	☐
3	定额类别	普通柱	☐
4	截面宽度(B边)(...	500	☐
5	截面高度(H边)(...	500	☐
6	全部纵筋		
7	角筋	4Φ25	☐
8	B边一侧中部筋	3Φ18	☐
9	H边一侧中部筋	3Φ18	☐
10	箍筋	Φ8@100/200(4*4)	☐
11	节点区箍筋		☐
12	箍筋胶数	4*4	
13	柱类型	(中柱)	☐
14	材质	预拌混凝土(泵送型)	
15	混凝土类型	(粒径31.5砼32.5级坍落度35~50)	
16	混凝土强度等级	(C30)	☐
17	混凝土外加剂	(无)	
18	混凝土类别	泵送商品砼	☐
19	泵送类型	(混凝土泵)	
20	泵送高度(m)		
21	截面面积(m²)	0.25	☐
22	截面周长(m)	2	☐
23	顶标高(m)	层顶标高	☐
24	底标高(m)	层底标高	☐

截面编辑

图 4.6

	属性名称	属性值	附加
1	名称	KZ5	☐
2	结构类别	框架柱	☐
3	定额类别	普通柱	☐
4	截面宽度(B边)(...	600	☐
5	截面高度(H边)(...	500	☐
6	全部纵筋		☐
7	角筋	4Φ25	☐
8	B边一侧中部筋	4Φ18	☐
9	H边一侧中部筋	3Φ18	☐
10	箍筋	Φ8@100/200(5*4)	☐
11	节点区箍筋		☐
12	箍筋胶数	5*4	
13	柱类型	(中柱)	☐
14	材质	预拌混凝土(泵送型)	☐
15	混凝土类型	(粒径31.5砼32.5级坍落度35~50)	☐
16	混凝土强度等级	(C30)	☐
17	混凝土外加剂	(无)	
18	混凝土类别	泵送商品砼	☐
19	泵送类型	(混凝土泵)	
20	泵送高度(m)		
21	截面面积(m²)	0.3	☐
22	截面周长(m)	2.2	☐
23	顶标高(m)	层顶标高	☐
24	底标高(m)	层底标高	☐

截面编辑

图 4.7

	属性名称	属性值	附加
1	名称	KZ6	☐
2	结构类别	框架柱	☐
3	定额类别	普通柱	☐
4	截面宽度(B边)(...	500	☐
5	截面高度(H边)(...	600	☐
6	全部纵筋		☐
7	角筋	4Φ25	☐
8	B边一侧中部筋	3Φ18	☐
9	H边一侧中部筋	4Φ18	☐
10	箍筋	Φ8@100/200(4*5)	☐
11	节点区箍筋		☐
12	箍筋胶数	4*5	
13	柱类型	(中柱)	☐
14	材质	预拌混凝土(泵送型)	☐
15	混凝土类型	(粒径31.5砼32.5级坍落度35~50)	☐
16	混凝土强度等级	(C30)	☐
17	混凝土外加剂	(无)	
18	混凝土类别	泵送商品砼	☐
19	泵送类型	(混凝土泵)	
20	泵送高度(m)		
21	截面面积(m²)	0.3	☐
22	截面周长(m)	2.2	☐
23	顶标高(m)	层顶标高	☐
24	底标高(m)	层底标高	☐

截面编辑

图 4.8

②修改梁的信息。单击"原位标注",选中 KL4,按图分别修改左右支座钢筋和跨中钢筋,如图 4.9 和图 4.10 所示。

图 4.9

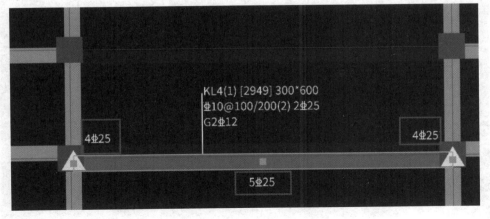

图 4.10

③修改板的信息。

第一步:"点"绘制④~⑤/Ⓐ~Ⓑ轴区域 130 mm 板。

第二步:绘制板受力筋,选择"单板"→"XY 向布置",如图 4.11 所示。

图 4.11

第三步:修改负筋信息,选中④/⑴ᴬ~Ⓑ轴负筋,修改右标注长度为 1 200 mm,按"Enter"键,如图 4.12 所示。

图 4.12

其他几个位置的修改方法相同,此处不再赘述。

④修改门窗信息。选中 M5021 并删除,建立窗 C5027,用"点"命令将其绘制在中心位置,如图 4.13 所示。

图 4.13

四、任务结果

汇总计算,统计二层清单、定额工程量,见表 4.1。

表 4.1　二层清单、定额工程量

编码	项目名称	单位	工程量
010402001001	砌块墙 (1)砖品种、规格、强度等级:200 mm 厚轻骨料混凝土小型空心砌块 (2)墙体类型:内墙 (3)砂浆强度等级、配合比:水泥砂浆 M5.0	m³	70.9527
010402001002	砌块墙 (1)砖品种、规格、强度等级:250 mm 厚轻骨料混凝土小型空心砌块 (2)墙体类型:外墙 (3)砂浆强度等级、配合比:水泥砂浆 M5.0	m³	44.1097
010502001001	矩形柱 (1)混凝土种类:商品混凝土 (2)混凝土强度等级:C30	m³	29.628
010502002001	构造柱 (1)混凝土种类:商品混凝土 (2)混凝土强度等级:C25	m³	3.9149

续表

编码	项目名称	单位	工程量
010503004001	圈梁 （1）混凝土种类：商品混凝土 （2）混凝土强度等级：C25	m³	2.681
010503005001	过梁 （1）混凝土种类：商品混凝土 （2）混凝土强度等级：C25	m³	1.0715
010504001002	直形墙（暗柱） 电梯井壁 （1）混凝土种类：商品混凝土 （2）混凝土强度等级：C30	m³	2.592
010504001003	直形墙 电梯井壁 （1）混凝土种类：商品混凝土 （2）混凝土强度等级：C30	m³	3.3024
010505001001	有梁板 （1）混凝土种类：商品混凝土 （2）混凝土强度等级：C30	m³	116.5539
010506001001	直形楼梯	m²	11.52
010801001001	木质门 门代号及洞口尺寸：M1021	樘	22
010807001001	金属（塑钢、断桥）窗 窗代号及洞口尺寸：C1624	m²	7.68
010807001002	金属（塑钢、断桥）窗 窗代号及洞口尺寸：C0924	m²	8.64
010807001003	金属（塑钢、断桥）窗 窗代号及洞口尺寸：C1524	m²	7.2
010807001004	金属（塑钢、断桥）窗 窗代号及洞口尺寸：C1824	m²	17.28
010807001005	金属（塑钢、断桥）窗 窗代号及洞口尺寸：C2424	m²	17.28
010807001006	金属（塑钢、断桥）窗 C5027	樘	13.5
010807001006	金属（塑钢、断桥）窗 窗代号及洞口尺寸：ZJC1	m²	57.1682
010807007001	金属（塑钢、断桥）飘（凸）窗 窗代号：PC1	樘	2

五、总结拓展

两种层间复制方法的区别

从其他楼层复制构件图元:将其他楼层的构件图元复制到目标层,只能选择构件来控制复制范围。

复制选定图元到其他楼层:将选中的图元复制到目标层,可通过选择图元来控制复制范围。

问题思考

"建模"页签下的层间复制功能与"构件列表"中的层间复制功能有什么区别?

4.2 三层工程量计算

通过本节的学习,你将能够:
掌握图元存盘和图元提取两种方法。

一、任务说明

①使用层间复制方法完成三层柱、梁、板、墙体、门窗的做法套用及图元绘制。
②查找三层与首层、二层的不同部分,将不同部分进行修正。
③汇总计算,统计三层柱、梁、板、墙体、门窗的工程量。

二、任务分析

①对比三层与首层、二层的柱、梁、板、墙体、门窗都有哪些不同,分别从名称、尺寸、位置、做法4个方面进行对比。
②图元存盘和图元提取有什么不同?

三、任务实施

1)分析图纸

(1)分析框架柱

分析结施-04,三层框架柱和二层框架柱相比,截面尺寸、混凝土强度等级相同,钢筋信息也一样,只是标高不一样。

(2)分析梁

分析结施-06,三层梁和首层梁信息一样。

（3）分析板

分析结施-10,三层板和首层板信息一样。

（4）分析墙

分析建施-05,三层砌体与二层砌体基本相同。

（5）分析门窗

分析建施-05,三层门窗与二层门窗基本相同。

2）画法讲解

（1）从其他楼层复制图元

在三层中,选择"从其他层复制",源楼层选择"第2层",图元选择"柱、墙、门窗洞",目标楼层选择"第3层",单击"确定"按钮,弹出"图元复制成功"提示框,如图4.14所示。

图 4.14

（2）继续从其他楼层复制图元

在三层中,选择"从其他层复制",源楼层选择"首层",图元选择"梁、板",目标楼层选择"第3层",单击"确定"按钮,弹出"图元复制成功"提示框,如图4.15所示。

通过上述两步即可完成三层图元的全部绘制。

最后,可进行梯梁顶标高、平台板顶标高、楼梯参数等构件的修改。

图 4.15

四、任务结果

汇总计算,统计三层清单、定额工程量,见表4.2。

表 4.2 三层清单、定额工程量

编码	项目名称	单位	工程量
010402001001	砌块墙 (1)砖品种、规格、强度等级:200 mm 厚轻骨料混凝土小型空心砌块 (2)墙体类型:内墙 (3)砂浆强度等级、配合比:水泥砂浆 M5.0	m^3	70.9527
010402001002	砌块墙 (1)砖品种、规格、强度等级:250 mm 厚轻骨料混凝土小型空心砌块 (2)墙体类型:外墙 (3)砂浆强度等级、配合比:水泥砂浆 M5.0	m^3	44.1088
010502001001	矩形柱 (1)混凝土种类:商品混凝土 (2)混凝土强度等级:C30	m^3	29.628
010502002001	构造柱 (1)混凝土种类:商品混凝土 (2)混凝土强度等级:C25	m^3	3.915

续表

编码	项目名称	单位	工程量
010503002001	矩形梁	m³	0.8375
010503004001	圈梁 （1）混凝土种类：商品混凝土 （2）混凝土强度等级：C25	m³	2.681
010503005001	过梁 （1）混凝土种类：商品混凝土 （2）混凝土强度等级：C25	m³	1.072
010504001002	直形墙（暗柱） 电梯井壁 （1）混凝土种类：商品混凝土 （2）混凝土强度等级：C30	m³	2.592
010504001003	直形墙 电梯井壁 （1）混凝土种类：商品混凝土 （2）混凝土强度等级：C30	m³	3.3024
010505001001	有梁板 （1）混凝土种类：商品混凝土 （2）混凝土强度等级：C30	m³	113.1631
010506001001	直形楼梯	m²	18.487
010801001001	木质门 门代号及洞口尺寸：M1021	樘	22
010807001001	金属（塑钢、断桥）窗 窗代号及洞口尺寸：C1624	m²	7.68
010807001002	金属（塑钢、断桥）窗 窗代号及洞口尺寸：C0924	m²	8.64
010807001003	金属（塑钢、断桥）窗 窗代号及洞口尺寸：C1524	m²	7.2
010807001004	金属（塑钢、断桥）窗 窗代号及洞口尺寸：C1824	m²	17.28
010807001005	金属（塑钢、断桥）窗 窗代号及洞口尺寸：C2424	m²	17.28
010807001006	金属（塑钢、断桥）窗 窗代号及洞口尺寸：C5027	樘	13.5

编码	项目名称	单位	工程量
010807001006	金属（塑钢、断桥）窗 窗代号及洞口尺寸：ZJC1	m²	57.1682
010807007001	金属（塑钢、断桥）飘（凸）窗 窗代号：PC1	樘	2

五、总结拓展

除了使用复制到其他层和从其他层复制，可以实现快速建模，还有一种方法：图元存盘和图元提取，也能实现快速建模。请自行对比使用两种方法。

问题思考

分析在进行图元存盘及图元提取操作时，选择基准点有哪些用途？

5 四层、屋面层工程量计算

通过本章的学习,你将能够:

(1)掌握批量选择构件图元的方法;

(2)批量删除的方法;

(3)掌握女儿墙、压顶、屋面的属性定义和绘制方法;

(4)统计四层、屋面层构件图元的工程量。

5.1 四层工程量计算

通过本节的学习,你将能够:

(1)巩固层间复制的方法;

(2)调整四层构件属性及图元绘制;

(3)掌握屋面框架梁的属性定义和绘制。

一、任务说明

①使用层间复制方法完成四层柱、墙体、门窗的做法套用及图元绘制。

②查找四层与三层的不同部分,将不同部分进行修正。

③四层梁和板与其他层信息不一致,需重新定义和绘制。

④汇总计算,统计四层柱、梁、板、墙体、门窗的工程量。

二、任务分析

对比三层与四层的柱、墙体、门窗都有哪些不同,分别从名称、尺寸、位置、做法 4 个方面进行对比。

三、任务实施

1)分析图纸

(1)分析柱

分析结施-04,四层和三层的框架柱信息是相同的,但四层无梯柱,且暗柱信息不同。

(2)分析梁

分析结施-08,四层框架梁为屋面框架梁,但四层无梯梁,且过梁信息不同。

（3）分析板

分析结施-12，④~⑤轴Ⓒ~Ⓓ轴的板构件和板钢筋信息与其他层不同。

（4）分析墙

分析建施-06、建施-07，四层砌体与三层砌体基本相同。分析结施-04，四层剪刀墙信息不同。

（5）分析门窗

分析建施-06、建施-07，四层门窗与三层门窗基本相同，但窗离地高度有变化。

（6）分析楼梯

分析结施-13，四层无楼梯。

2）画法讲解

（1）从其他楼层复制图元

在四层，选择"从其他楼层复制图元"，源楼层选择"第3层"，图元选择"柱、墙、门窗洞"，目标楼层选择"第4层"，单击"确定"按钮，如图5.1所示。

图5.1

将三层柱复制到四层，其中GBZ1和GBZ2信息修改如图5.2和图5.3所示。

图5.2

图 5.3

（2）四层梁的属性定义

四层梁为屋面框架梁，其属性定义如图 5.4—图 5.15 所示。

	属性名称	属性值	附加
1	名称	WKL1(1)	
2	结构类别	屋面框架梁	☐
3	跨数量	1	☐
4	截面宽度(mm)	250	☐
5	截面高度(mm)	600	☐
6	轴线距梁左边…	(125)	☐
7	箍筋	Φ10@100/200(2)	☐
8	肢数	2	
9	上部通长筋	2Φ25	☐
10	下部通长筋		☐
11	侧面构造或受…	N2Φ16	☐
12	拉筋	(Φ6)	☐
13	定额类别	板底梁	☐
14	材质	预拌混凝土(泵送型)	☐
15	混凝土类型	(粒径31.5砼32.5级坍落度35~50)	☐
16	混凝土强度等级	(C30)	☐
17	混凝土外加剂	(无)	☐
18	混凝土类别	泵送商品砼	☐
19	泵送类型	(混凝土泵)	
20	泵送高度(m)		
21	截面周长(m)	1.7	☐
22	截面面积(m²)	0.15	☐
23	起点顶标高(m)	层顶标高	☐
24	终点顶标高(m)	层顶标高	☐

图 5.4

	属性名称	属性值	附加
1	名称	WKL2(2)	
2	结构类别	屋面框架梁	☐
3	跨数量	2	☐
4	截面宽度(mm)	300	☐
5	截面高度(mm)	600	☐
6	轴线距梁左边…	(150)	☐
7	箍筋	Φ10@100/200(2)	☐
8	肢数	2	
9	上部通长筋	2Φ25	☐
10	下部通长筋		☐
11	侧面构造或受…	G2Φ12	☐
12	拉筋	(Φ6)	☐
13	定额类别	板底梁	☐
14	材质	预拌混凝土(泵送型)	☐
15	混凝土类型	(粒径31.5砼32.5级坍落度35~50)	☐
16	混凝土强度等级	(C30)	☐
17	混凝土外加剂	(无)	☐
18	混凝土类别	泵送商品砼	☐
19	泵送类型	(混凝土泵)	
20	泵送高度(m)		
21	截面周长(m)	1.8	☐
22	截面面积(m²)	0.18	☐
23	起点顶标高(m)	层顶标高	☐
24	终点顶标高(m)	层顶标高	☐

图 5.5

	属性名称	属性值	附加
1	名称	WKL3(3)	
2	结构类别	屋面框架梁	☐
3	跨数量	3	
4	截面宽度(mm)	250	☐
5	截面高度(mm)	500	☐
6	轴线距梁左边...	(125)	☐
7	箍筋	Φ10@100/200(2)	☐
8	胶数	2	
9	上部通长筋	2Φ22	☐
10	下部通长筋		☐
11	侧面构造或受...	G2Φ12	☐
12	拉筋	(Φ6)	☐
13	定额类别	板底梁	
14	材质	预拌混凝土(泵送型)	
15	混凝土类型	(粒径31.5砼32.5级坍落度35~50)	
16	混凝土强度等级	(C30)	
17	混凝土外加剂	(无)	
18	混凝土类别	泵送商品砼	
19	泵送类型	(混凝土泵)	
20	泵送高度(m)		
21	截面周长(m)	1.5	☐
22	截面面积(m²)	0.125	☐
23	起点顶标高(m)	层顶标高	☐
24	终点顶标高(m)	层顶标高	☐

图 5.6

	属性名称	属性值	附加
1	名称	WKL4(1)	
2	结构类别	屋面框架梁	☐
3	跨数量	1	
4	截面宽度(mm)	300	☐
5	截面高度(mm)	600	☐
6	轴线距梁左边...	(150)	☐
7	箍筋	Φ10@100/200(2)	☐
8	胶数	2	
9	上部通长筋	2Φ25	☐
10	下部通长筋		☐
11	侧面构造或受...	G2Φ12	☐
12	拉筋	(Φ6)	☐
13	定额类别	板底梁	
14	材质	预拌混凝土(泵送型)	
15	混凝土类型	(粒径31.5砼32.5级坍落度35~50)	
16	混凝土强度等级	(C30)	
17	混凝土外加剂	(无)	
18	混凝土类别	泵送商品砼	☐
19	泵送类型	(混凝土泵)	
20	泵送高度(m)		
21	截面周长(m)	1.8	☐
22	截面面积(m²)	0.18	☐
23	起点顶标高(m)	层顶标高	☐
24	终点顶标高(m)	层顶标高	☐

图 5.7

	属性名称	属性值	附加
1	名称	WKL5(3)	
2	结构类别	屋面框架梁	☐
3	跨数量	3	
4	截面宽度(mm)	300	☐
5	截面高度(mm)	500	☐
6	轴线距梁左边...	(150)	☐
7	箍筋	Φ10@100/200(2)	☐
8	胶数	2	
9	上部通长筋	2Φ25	☐
10	下部通长筋		☐
11	侧面构造或受...	G2Φ12	☐
12	拉筋	(Φ6)	☐
13	定额类别	板底梁	
14	材质	预拌混凝土(泵送型)	
15	混凝土类型	(粒径31.5砼32.5级坍落度35~50)	
16	混凝土强度等级	(C30)	
17	混凝土外加剂	(无)	
18	混凝土类别	泵送商品砼	
19	泵送类型	(混凝土泵)	
20	泵送高度(m)		
21	截面周长(m)	1.6	☐
22	截面面积(m²)	0.15	☐
23	起点顶标高(m)	层顶标高	☐
24	终点顶标高(m)	层顶标高	☐

图 5.8

	属性名称	属性值	附加
1	名称	WKL6(7)	
2	结构类别	屋面框架梁	☐
3	跨数量	7	
4	截面宽度(mm)	300	☐
5	截面高度(mm)	600	☐
6	轴线距梁左边...	(150)	☐
7	箍筋	Φ10@100/200(2)	☐
8	胶数	2	
9	上部通长筋	2Φ25	☐
10	下部通长筋		☐
11	侧面构造或受...	G2Φ12	☐
12	拉筋	(Φ6)	☐
13	定额类别	板底梁	
14	材质	预拌混凝土(泵送型)	
15	混凝土类型	(粒径31.5砼32.5级坍落度35~50)	
16	混凝土强度等级	(C30)	
17	混凝土外加剂	(无)	
18	混凝土类别	泵送商品砼	☐
19	泵送类型	(混凝土泵)	
20	泵送高度(m)		
21	截面周长(m)	1.8	☐
22	截面面积(m²)	0.18	☐
23	起点顶标高(m)	层顶标高	☐
24	终点顶标高(m)	层顶标高	☐

图 5.9

	属性名称	属性值	附加
1	名称	WKL7(3)	
2	结构类别	屋面框架梁	☐
3	跨数量	3	☐
4	截面宽度(mm)	300	☐
5	截面高度(mm)	600	☐
6	轴线距梁左边...	(150)	☐
7	箍筋	Φ10@100/200(2)	☐
8	胶数	2	
9	上部通长筋	2Φ25	☐
10	下部通长筋		☐
11	侧面构造或受...	G2Φ12	☐
12	拉筋	(Φ6)	☐
13	定额类别	板底梁	☐
14	材质	预拌混凝土(泵送型)	☐
15	混凝土类型	(粒径31.5砼32.5级坍落度35~50)	☐
16	混凝土强度等级	(C30)	☐
17	混凝土外加剂	(无)	☐
18	混凝土类别	泵送商品砼	☐
19	泵送类型	(混凝土泵)	
20	泵送高度(m)		
21	截面周长(m)	1.8	☐
22	截面面积(m²)	0.18	☐
23	起点顶标高(m)	层顶标高	☐
24	终点顶标高(m)	层顶标高	☐

图 5.10

	属性名称	属性值	附加
1	名称	WKL8(1)	
2	结构类别	屋面框架梁	☐
3	跨数量	1	☐
4	截面宽度(mm)	300	☐
5	截面高度(mm)	600	☐
6	轴线距梁左边...	(150)	☐
7	箍筋	Φ10@100/200(2)	☐
8	胶数	2	
9	上部通长筋	2Φ25	☐
10	下部通长筋		☐
11	侧面构造或受...	G2Φ12	☐
12	拉筋	(Φ6)	☐
13	定额类别	板底梁	☐
14	材质	预拌混凝土(泵送型)	☐
15	混凝土类型	(粒径31.5砼32.5级坍落度35~50)	☐
16	混凝土强度等级	(C30)	☐
17	混凝土外加剂	(无)	☐
18	混凝土类别	泵送商品砼	☐
19	泵送类型	(混凝土泵)	
20	泵送高度(m)		
21	截面周长(m)	1.8	☐
22	截面面积(m²)	0.18	☐
23	起点顶标高(m)	层顶标高	☐
24	终点顶标高(m)	层顶标高	☐

图 5.11

	属性名称	属性值	附加
1	名称	WKL9(3)	
2	结构类别	屋面框架梁	☐
3	跨数量	3	☐
4	截面宽度(mm)	300	☐
5	截面高度(mm)	600	☐
6	轴线距梁左边...	(150)	☐
7	箍筋	Φ10@100/200(2)	☐
8	胶数	2	
9	上部通长筋	2Φ25	☐
10	下部通长筋		☐
11	侧面构造或受...	G2Φ12	☐
12	拉筋	(Φ6)	☐
13	定额类别	板底梁	☐
14	材质	预拌混凝土(泵送型)	☐
15	混凝土类型	(粒径31.5砼32.5级坍落度35~50)	☐
16	混凝土强度等级	(C30)	☐
17	混凝土外加剂	(无)	☐
18	混凝土类别	泵送商品砼	☐
19	泵送类型	(混凝土泵)	
20	泵送高度(m)		
21	截面周长(m)	1.8	☐
22	截面面积(m²)	0.18	☐
23	起点顶标高(m)	层顶标高	☐
24	终点顶标高(m)	层顶标高	☐

图 5.12

	属性名称	属性值	附加
1	名称	WKL10(3)	
2	结构类别	屋面框架梁	☐
3	跨数量	3	☐
4	截面宽度(mm)	300	☐
5	截面高度(mm)	600	☐
6	轴线距梁左边...	(150)	☐
7	箍筋	Φ10@100/200(2)	☐
8	胶数	2	
9	上部通长筋	2Φ25	☐
10	下部通长筋		☐
11	侧面构造或受...	G2Φ12	☐
12	拉筋	(Φ6)	☐
13	定额类别	板底梁	☐
14	材质	预拌混凝土(泵送型)	☐
15	混凝土类型	(粒径31.5砼32.5级坍落度35~50)	☐
16	混凝土强度等级	(C30)	☐
17	混凝土外加剂	(无)	☐
18	混凝土类别	泵送商品砼	☐
19	泵送类型	(混凝土泵)	
20	泵送高度(m)		
21	截面周长(m)	1.8	☐
22	截面面积(m²)	0.18	☐
23	起点顶标高(m)	层顶标高	☐
24	终点顶标高(m)	层顶标高	☐

图 5.13

	属性名称	属性值	附加
1	名称	KL10a(3)	☐
2	结构类别	楼层框架梁	☐
3	跨数量	3	☐
4	截面宽度(mm)	300	☐
5	截面高度(mm)	600	☐
6	轴线距梁左边…	(150)	☐
7	箍筋	Φ10@100/200(2)	☐
8	胶数	2	☐
9	上部通长筋	2Φ25	☐
10	下部通长筋		☐
11	侧面构造或受…	G2Φ12	☐
12	拉筋	(Φ6)	☐
13	定额类别	板底梁	☐
14	材质	预拌混凝土(泵送型)	☐
15	混凝土类型	(粒径31.5砼32.5级坍落度35~50)	☐
16	混凝土强度等级	(C30)	☐
17	混凝土外加剂	(无)	☐
18	混凝土类别	泵送商品砼	☐
19	泵送类型	(混凝土泵)	☐
20	泵送高度(m)		☐
21	截面周长(m)	1.8	☐
22	截面面积(m²)	0.18	☐
23	起点顶标高(m)	层顶标高	☐
24	终点顶标高(m)	层顶标高	☐

图 5.14

	属性名称	属性值	附加
1	名称	KL10b(1)	☐
2	结构类别	楼层框架梁	☐
3	跨数量	1	☐
4	截面宽度(mm)	300	☐
5	截面高度(mm)	600	☐
6	轴线距梁左边…	(150)	☐
7	箍筋	Φ10@100/200(2)	☐
8	胶数	2	☐
9	上部通长筋	2Φ25	☐
10	下部通长筋	2Φ25	☐
11	侧面构造或受…	G2Φ12	☐
12	拉筋	(Φ6)	☐
13	定额类别	板底梁	☐
14	材质	预拌混凝土(泵送型)	☐
15	混凝土类型	(粒径31.5砼32.5级坍落度35~50)	☐
16	混凝土强度等级	(C30)	☐
17	混凝土外加剂	(无)	☐
18	混凝土类别	泵送商品砼	☐
19	泵送类型	(混凝土泵)	☐
20	泵送高度(m)		☐
21	截面周长(m)	1.8	☐
22	截面面积(m²)	0.18	☐
23	起点顶标高(m)	层顶标高	☐
24	终点顶标高(m)	层顶标高	☐

图 5.15

　　四层梁的绘制方法同首层梁。板和板钢筋的绘制方法同首层。用层间复制的方法,把第 3 层的墙、门窗洞口复制到第 4 层。

　　所有构件要添加清单和定额。方法同首层。

　　特别注意,与其他层不同的是,顶层柱要"判断边角柱"。在"柱二次编辑"面板中单击"判别边角柱"按钮,则软件自动"判别边角柱",如图 5.16 所示。

图 5.16

四、任务结果

汇总计算,本层构件清单、定额工程量,见表 5.1。

表 5.1　四层工程量清单、定额工程量

编码	项目名称	单位	工程量
010402001001	砌块墙 (1)砖品种、规格、强度等级:200 mm 厚轻骨料混凝土小型空心砌块 (2)墙体类型:内墙 (3)砂浆强度等级、配合比:水泥砂浆 M5.0	m³	64.5677
010402001002	砌块墙 (1)砖品种、规格、强度等级:250 mm 厚轻骨料混凝土小型空心砌块 (2)墙体类型:外墙 (3)砂浆强度等级、配合比:水泥砂浆 M5.0	m³	37.3664
010502001001	矩形柱 (1)混凝土种类:商品混凝土 (2)混凝土强度等级:C30	m³	27.47
010502001002	矩形柱 (1)混凝土种类:商品混凝土 (2)混凝土强度等级:C30	m³	2.412
010502002001	构造柱 (1)混凝土种类:商品混凝土 (2)混凝土强度等级:C25	m³	3.4918
010503004001	圈梁 (1)混凝土种类:商品混凝土 (2)混凝土强度等级:C25	m³	2.7077
010503005001	过梁 (1)混凝土种类:商品混凝土 (2)混凝土强度等级:C25	m³	0.792
010504001003	直形墙 电梯井壁 (1)混凝土种类:商品混凝土 (2)混凝土强度等级:C30	m³	3.0682
010505001001	有梁板 (1)混凝土种类:商品混凝土 (2)混凝土强度等级:C30	m³	119.8119
010506001001	直形楼梯	m²	18.487
010801001001	木质门 门代号及洞口尺寸:M1021	樘	22

编码	项目名称	单位	工程量
010807001001	金属（塑钢、断桥）窗 窗代号及洞口尺寸：C1624	m²	7.68
010807001002	金属（塑钢、断桥）窗 窗代号及洞口尺寸：C0924	m²	8.64
010807001003	金属（塑钢、断桥）窗 窗代号及洞口尺寸：C1524	m²	7.2
010807001004	金属（塑钢、断桥）窗 窗代号及洞口尺寸：C1824	m²	17.28
010807001005	金属（塑钢、断桥）窗 窗代号及洞口尺寸：C2424	m²	17.28
010807001006	金属（塑钢、断桥）窗 窗代号及洞口尺寸：C5027	樘	13.5
010807001006	金属（塑钢、断桥）窗 窗代号及洞口尺寸：ZJC1	m²	48.096

五、总结拓展

下面简单介绍几种在绘图界面查看工程量的方式。

①单击"工程量"→"查看工程量"，选中要查看的构件图元，弹出"查看构件图元工程量"对话框，可以查看做法工程量、清单工程量和定额工程量。

②按"F3"键批量选择构件图元，然后单击"查看工程量"，可以查看做法工程量、清单工程量和定额工程量。

③单击"工程量"→"查看计算式"，选择单一图元，弹出"查看构件图元工程量计算式"，可以查看此图元的详细计算式，还可利用"查看三维扣减图"查看详细工程量计算式。

题思考

如何使用"判断边角柱"的命令？

5.2　女儿墙、压顶、屋面的工程量计算

通过本节的学习，你将能够：

（1）确定女儿墙高度、厚度，确定屋面防水的上卷高度；

（2）矩形绘制和点绘制屋面图元;

（3）统计本层女儿墙、女儿墙压顶、屋面的工程量。

一、任务说明

①完成女儿墙、屋面的工程量计算。

②汇总计算,统计屋面的工程量。

二、任务分析

①从哪张图中能够找到屋面做法? 都与哪些清单、定额有关?

②从哪张图中能够找到女儿墙的尺寸?

三、任务实施

1) 分析图纸

（1）分析女儿墙及压顶

分析图纸建施-12、建施-08,女儿墙的构造参见建施-08 节点 1,女儿墙墙厚 240 mm(以建施-08 平面图为准)。女儿墙墙身为砖墙,压顶材质为混凝土,宽 300 mm,高 60 mm。

（2）分析屋面

分析图纸建施-02,可知本层的屋面做法为屋面 1,防水的上卷高度设计未指明,按照定额默认高度为 250 mm。

2) 清单、定额计算规则学习

（1）清单计算规则学习

女儿墙、屋面清单计算规则,见表 5.2。

表 5.2　女儿墙、屋面清单计算规则

编码	项目名称	单位	计算规则
010401005	空心砖墙	m³	按设计图示尺寸以体积计算
010507005	扶手、压顶	m³	(1)以"m"计量,按设计图示的中心线延长米计算 (2)以"m³"计量,按设计图示尺寸以体积计算
011702025	其他现浇构件 模板	m²	按模板与现浇混凝土构件的接触面积计算
010902001	屋面卷材防水	m²	按设计图示尺寸以面积计算 (1)斜屋顶(不包括平屋顶找坡)按斜面积计算,平屋顶按水平投影面积计算 (2)不扣除房上烟囱、风帽底座、风道、屋面小气窗和斜沟所占面积 (3)屋面的女儿墙、伸缩缝和天窗等处的弯起部分,并入屋面工程量内
011001001	保温隔热屋面	m²	按设计图示尺寸以面积计算。扣除面积大于 0.3 m²孔洞及占位面积

编码	项目名称	单位	计算规则
010902003	屋面刚性层	m²	按设计图示尺寸以面积计算。不扣除房上烟囱、风帽底座、风道等所占面积
011003001	隔离层	m²	按设计图示尺寸以面积计算

（2）定额计算规则

女儿墙、屋面定额计算规则，见表5.3。

表5.3　女儿墙、屋面定额计算规则

编码	项目名称	单位	计算规则
4-35	（M5混合砂浆）1标准砖外墙	m³	同清单
6-266	（C20泵送商品混凝土）压顶	m³	同清单
21-94	现浇压顶 复合木模板	10 m²	现浇混凝土及钢筋混凝土模板工程量除另有规定者外，均按混凝土与模板的接触面积计算
10-116	刷聚氨脂防水涂料	m²	按设计图示尺寸以面积计算
11-2	屋面、楼地面 沥青矿渣棉毡保温隔热	m²	按设计图示尺寸以面积计算
10-86	刚性防水砂浆屋面有分格缝	m²	按设计图示尺寸以面积计算
13-15	找平层 水泥砂浆（厚20mm）混凝土或硬基层上	m²	按设计图示尺寸以面积计算
10-90	石灰砂浆隔离层	m²	按设计图示尺寸以体积计算

3）属性定义

（1）女儿墙的属性定义

女儿墙的属性定义同墙，在新建墙体时，名称命名为"女儿墙"，其属性定义如图5.17所示，注意大样中砂浆为混合砂浆。

（2）屋面的属性定义

在导航树中选择"其他"→"屋面"，在"构件列表"中选择"新建"→"新建屋面"，在属性编辑框中输入相应的属性值，如图5.18和图5.19所示。

（3）女儿墙压顶的属性定义

在导航树中选择"其他"→"压顶"，在"构件列表"中选择"新建"→"新建矩形压顶"，修改名称为"压顶"，外围女儿墙处压顶属性定义如图5.20所示。双击"压顶"，在"截面编辑"中，分别在纵筋、横筋处输入"1A6""A6@200"。用点、直线绘制相应钢筋，还可修改箍筋角度。修改完毕的钢筋信息，如图5.21所示。

▲ 砌体墙

女儿墙 [外墙]

	属性名称	属性值	附加
3	轴线距左墙皮...	(120)	☐
4	砌体通长筋	2Φ6@600	☐
5	横向短筋		☐
6	材质	砖	☐
7	砂浆类型	混合砂浆	☐
8	砂浆标号	(M5)	☐
9	内/外墙标志	(外墙)	☑
10	类别	砌体墙	
11	起点顶标高(m)	层底标高+0.84	☐
12	终点顶标高(m)	层底标高+0.84	☐
13	起点底标高(m)	层底标高	☐
14	终点底标高(m)	层底标高	☐

图 5.17

构件列表　图纸管理

📄 新建 ▾　🗑 删除　📄 复制　🗐 层间复制　🔲 存档　📑 提取

搜索构件...

▲ 屋面
　　屋面1

	属性名称	属性值	附加
1	名称	屋面1	
2	底标高(m)	层底标高	☐
3	备注		☐
4	⊞ 钢筋业务属性		
6	⊞ 土建业务属性		
8	⊞ 显示样式		

图 5.18

▲ 屋面
　　屋面1
　　屋面2

	属性名称	属性值	附加
1	名称	屋面2	
2	底标高(m)	顶板顶标高	☐
3	备注		☐
4	⊞ 钢筋业务属性		
6	⊞ 土建业务属性		
8	⊞ 显示样式		

图 5.19

图 5.20

图 5.21

4) 做法套用

①女儿墙的做法套用,如图 5.22 所示。

	编码	类别	名称	项目特征	单位	工程量表达式	表达式说明	单价	综合单价	措施项目	专业
1	☐ 010401005001	项	空心砖墙	1.砖品种、规格、强度等级:240厚标准砖 2.墙体类型:女儿墙 3.砂浆强度等级、配合比:混合砂浆M5.0	m3	TJ	TJ<体积>			☐	建筑工程
2	4-35	定	(M5混合砂浆)1标准砖外墙		m3	TJ	TJ<体积>	442.15		☐	土建

图 5.22

②女儿墙的压顶做法套用,如图 5.23 所示。

	编码	类别	名称	项目特征	单位	工程量表达式	表达式说明	单价	综合单价	措施项目	专业
1	— 010507005002	项	扶手、压顶	1.断面尺寸:300*60 2.混凝土种类:商品砼 3.混凝土强度等级:C25	m3	TJ	TJ<体积>			☐	建筑工程
2	6-226 H80212103 80212104	换	(C20泵送商品砼) 压顶 换为【C25预拌混凝土(泵送)】		m3	TJ	TJ<体积>	509.02		☐	土建
3	— 011702025001	项	其他现浇构件 模板		m2	MBMJ	MBMJ<模板面积>			☑	建筑工程
4	21-94	定	现浇压顶 复合木模板		m2	MBMJ	MBMJ<模板面积>	612.48		☑	土建

图 5.23

5)画法讲解

(1)直线绘制女儿墙

采用直线绘制女儿墙,因为是居中于轴线绘制的,所以女儿墙图元绘制完成后要对其进行偏移、延伸,因此可以把第四层的梁先复制到本层,作为对齐的参照线,使女儿墙各段墙体封闭,然后删除梁。外围女儿墙如图 5.24 所示。特别注意的是,除了外围女儿墙,还需绘制电梯井区域的女儿墙。

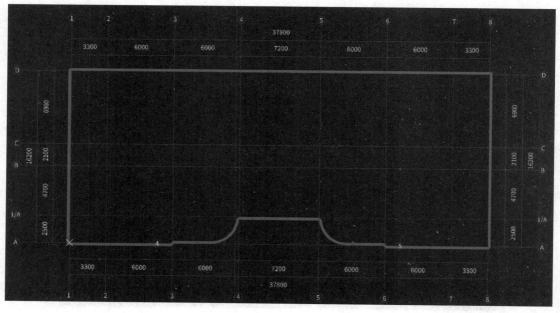

图 5.24

将楼层切换到第四层,选中电梯井周边的剪力墙和暗柱复制到屋面层。修改剪力墙顶标高,如图 5.25 所示。

在导航树中选择"其他"→"栏板",在"构件列表"中选择"新建"→"新建矩形栏板",修改名称为"上人孔",其属性值如图 5.26 所示。

采用直线功能绘制屋面上人孔,如图 5.27 所示。

(2)绘制女儿墙压顶

用"智能布置"功能,选择"墙中心线",批量选中所有女儿墙,单击鼠标右键即可完成女儿墙压顶的绘制,如图 5.28 所示。

图 5.25

图 5.26

图 5.27

图 5.28

（3）绘制屋面

采用"点"功能绘制屋面,如图 5.29 所示。

图 5.29

选中屋面,单击鼠标右键选择,"设置防水卷边",输入"250",单击"确定"按钮,如图 5.30所示。

图 5.30

四、任务结果

汇总计算,女儿墙、压顶、屋面的清单、定额工程量,见表 5.4。

表 5.4　女儿墙、压顶、屋面的清单、定额工程量

编码	项目名称	单位	工程量
010401005001	空心砖墙 (1)砖品种、规格、强度等级:240 mm 厚标准砖 (2)墙体类型:女儿墙 (3)砂浆强度等级、配合比:混合砂浆 M5.0	m³	20.1208
4-35	(M5 混合砂浆)1 标准砖外墙	m³	20.1208
010507005002	扶手、压顶 (1)断面尺寸:300 mm×60 mm (2)混凝土种类:商品混凝土 (3)混凝土强度等级:C25	m³	2.1828
6-226 H80212103 80212104	(C20 泵送商品混凝土)压顶　换为【C25 预拌混凝土（泵送）】	m³	2.1828
010902001001	屋面卷材防水 2.0 mm 厚聚氨脂两遍涂抹防水层,四周卷起 250 mm 高	m²	618.8471
10-116	刷聚氨脂防水涂料（平面）两遍涂抹 2.0 mm	10 m²	61.88471
010902003001	屋面刚性层 50 mm 厚 C30 细石混凝土,内配筋 A4@ 200 双向,设分隔缝（钢筋必须断开）,缝宽 20 mm,缝内嵌防水油膏	m²	588.2622
10-86+10-88 ＊6	刚性防水砂浆屋面有分格缝 20 mm 厚　实际厚度为50 mm	10 m²	58.82622
011001001001	保温隔热屋面 (1)30 mm 厚复合材料保温板(A 级) (2)20 mm 厚 1:3 水泥砂浆找平层	m²	588.2622
10-72	水泥砂浆 有分格缝 20 mm 厚	10 m²	61.88471
11-2	屋面、楼地面 沥青矿渣棉毡保温隔热	m³	352.9573
011003001001	隔离层 10 mm 厚 1:3 石灰砂浆隔离层	m²	588.2622
10-90	石灰砂浆隔离层 3 mm	10 m²	58.82622
011101006001	平面砂浆找平层 20 mm 厚 1:3 水泥砂浆找平层	m²	588.2622
10-72	水泥砂浆 有分格缝 20 mm 厚	10 m²	61.88471

五、总结拓展

女儿墙位置外边线同其他楼层外墙外边线，在绘制女儿墙时，可先参照柱的外边线进行绘制，然后删除柱即可。

题思考

构造柱的绘制可参考哪些方法？

6 地下一层工程量计算

通过本章的学习,你将能够:

(1)分析地下层要计算哪些构件;

(2)各构件需要计算哪些工程量;

(3)地下层构件与其他层构件属性定义与绘制的区别;

(4)计算并统计地下一层工程量。

6.1 地下一层柱的工程量计算

通过本节的学习,你将能够:

(1)分析本层归类到剪力墙的构件;

(2)统计本层柱的工程量。

一、任务说明

①完成地下一层柱的构件属性定义、做法套用及绘制。

②汇总计算,统计地下一层柱的工程量。

二、任务分析

①地下一层都有哪些需要计算的构件工程量?

②地下一层有哪些柱构件不需要绘制?

三、任务实施

1)图纸分析

①分析图纸结施-04,可以从柱表中得到地下一层和首层柱信息相同。本层包括矩形框架柱及暗柱。

②YBZ1 和 YBZ2 包含在剪力墙里面,属于剪力墙内部构件,因此 YBZ1 和 YBZ2 的混凝土量与模板工程量归到剪力墙中。

③柱突出墙且柱与墙标号相同时,柱体积并入墙体积,且柱体积工程量为零。

2)属性定义与绘制

从首层复制柱到地下一层,如图 6.1 所示,并在地下一层删除构造柱和梯柱。

图 6.1

3)做法套用

地下一层框架柱 KZ1~KZ6 及暗柱 YBZ1~YBZ2 的做法套用,可利用"做法刷"功能,将一层柱的做法赋予地下一层柱。暗柱的做法套用如图 6.2 所示。

图 6.2

四、任务结果

汇总计算,地下一层柱清单、定额工程量,见表 6.1。

表 6.1　地下一层柱清单、定额工程量

编码	项目名称	单位	工程量
010502001001	矩形柱 (1)混凝土种类:商品混凝土 (2)混凝土强度等级:C30	m³	32.097
6-190	(C30 泵送商品混凝土)矩形柱	m³	32.097
010504001002	直形墙 电梯井壁 (1)混凝土种类:商品混凝土 (2)混凝土强度等级:C30	m³	2.808
6-204	(C30 泵送商品混凝土)电梯井壁	m³	2.808

五、总结拓展

正确使用"做法刷"功能,能够极大地提高建模效率。

问 题思考

是否所有图纸的首层柱和负一层柱都是相同的?

6.2 地下一层剪力墙的工程量计算

通过本节学习,你将能够:

分析本层归类到剪力墙的构件。

一、任务说明

①完成地下一层剪力墙的构件属性定义及做法套用。

②绘制剪力墙图元。

③汇总计算,统计地下一层剪力墙的工程量。

二、任务分析

①地下一层剪力墙和首层有什么不同?

②地下一层有哪些剪力墙构件不需要绘制?

三、任务实施

1)图纸分析

①分析结施-02,可以得到地下室墙体剪力墙信息。

②分析结施-05,可得到连梁信息,连梁是剪力墙的一部分。

③分析结施-02,剪力墙顶部有暗梁。

2)清单、定额计算规则的学习

(1)清单计算规则

混凝土墙清单计算规则,见表6.2。

表 6.2　混凝土墙清单计算规则

编码	项目名称	单位	计算规则
010504001	直形墙	m³	按设计图示尺寸以体积计算,扣除门窗洞口及单个面积>0.3 m²的孔洞所占体积,墙垛及凸出墙面部分并入墙体体积计算内
011702011	直形墙模板	m²	按模板与现浇混凝土构件的接触面积计算

（2）定额计算规则

混凝土墙定额计算规则，见表 6.3。

表 6.3　混凝土墙定额计算规则

编码	项目名称	单位	计算规则
6-200	（C30 泵送商品混凝土）混凝土挡土墙和地下室墙	m^3	（1）与混凝土墙同厚的暗柱（梁）并入混凝土墙体积计算 （2）墙垛与凸出部分小于墙厚的 1.5 倍（不含 1.5 倍）者，并入墙体工程量内计算
6-204	（C30 泵送商品混凝土）电梯井壁	m^3	同清单
21-50	现浇直形墙 复合木模板	$10\ m^2$	按模板与现浇混凝土构件的接触面积计算，附墙柱侧面积并入墙模板工程量，单个面积小于等于 $0.3\ m^2$ 的孔洞不予扣除，洞侧壁模板亦不增加；大于 $0.3\ m^2$ 的孔洞应予扣除，洞侧壁模板面积并入墙模板工程量中
21-52	现浇电梯井壁 复合木模板	$10\ m^2$	按模板与现浇混凝土构件的接触面积计算，附墙柱侧面积并入墙模板工程量，单个面积小于等于 $0.3\ m^2$ 的孔洞不予扣除，洞侧壁模板亦不增加；大于 $0.3\ m^2$ 的孔洞应予扣除，洞侧壁模板面积并入墙模板工程量中

3）属性定义

（1）剪力墙的属性定义

①分析结施-02 可知，Q1 和 Q2 的相关信息如图 6.3 和图 6.4 所示。

图 6.3

图 6.4

②新建外墙。在导航树中选择"墙"→"剪力墙",在"构件列表"中单击"新建"→"新建
外墙",进入墙的属性定义界面,如图 6.5—图 6.8 所示。

	属性名称	属性值	附加
1	名称	Q-1(弧形)	☐
2	厚度(mm)	300	☐
3	轴线距左墙皮...	(150)	☐
4	水平分布钢筋	(2)Φ12@180	☐
5	垂直分布钢筋	(2)Φ14@150	☐
6	拉筋	Φ6@300*300	☐
7	材质	现浇混凝土	☐
8	混凝土类型	(粒径31.5砼32.5级坍落度35~50)	☐
9	混凝土类别	泵送商品砼	☐
10	混凝土强度等级	(C30)	☐
11	混凝土外加剂	(无)	☐
12	泵送类型	(混凝土泵)	☐
13	泵送高度(m)		☐
14	内/外墙标志	(外墙)	☑
15	类别	混凝土墙	☐
16	起点顶标高(m)	层顶标高	☐
17	终点顶标高(m)	层顶标高	☐
18	起点底标高(m)	层底标高	☐
19	终点底标高(m)	层底标高	☐
20	备注		☐
21	⊞ 钢筋业务属性		
34	⊞ 土建业务属性		

图 6.5

	属性名称	属性值	附加
1	名称	Q-1	☐
2	厚度(mm)	300	☐
3	轴线距左墙皮...	(150)	☐
4	水平分布钢筋	(2)Φ12@180	☐
5	垂直分布钢筋	(2)Φ14@150	☐
6	拉筋	Φ6@300*300	☐
7	材质	现浇混凝土	☐
8	混凝土类型	(粒径31.5砼32.5级坍落度35~50)	☐
9	混凝土类别	泵送商品砼	☐
10	混凝土强度等级	(C30)	☐
11	混凝土外加剂	(无)	☐
12	泵送类型	(混凝土泵)	☐
13	泵送高度(m)		☐
14	内/外墙标志	(外墙)	☑
15	类别	混凝土墙	☐
16	起点顶标高(m)	层顶标高	☐
17	终点顶标高(m)	层顶标高	☐
18	起点底标高(m)	层底标高	☐
19	终点底标高(m)	层底标高	☐
20	备注		☐
21	⊞ 钢筋业务属性		
34	⊞ 土建业务属性		

图 6.6

	属性名称	属性值	附加
1	名称	Q-2	
2	厚度(mm)	300	
3	轴线距左墙皮…	(150)	☐
4	水平分布钢筋	(2)Φ12@180	☐
5	垂直分布钢筋	(2)Φ14@200	☐
6	拉筋	Φ6@300*300	☐
7	材质	现浇混凝土	☐
8	混凝土类型	(粒径31.5砼32.5级坍落度35~50)	☐
9	混凝土类别	泵送商品砼	☐
10	混凝土强度等级	(C30)	☐
11	混凝土外加剂	(无)	☐
12	泵送类型	(混凝土泵)	☐
13	泵送高度(m)		
14	内/外墙标志	(外墙)	☑
15	类别	混凝土墙	☐
16	起点顶标高(m)	层顶标高	☐
17	终点顶标高(m)	层顶标高	☐
18	起点底标高(m)	层底标高	☐
19	终点底标高(m)	层底标高	☐
20	备注		☐
21	⊞ 钢筋业务属性		
34	⊞ 土建业务属性		

图 6.7

	属性名称	属性值	附加
1	名称	钢筋网	
2	厚度(mm)	35	☐
3	轴线距左墙皮…	(17.5)	☐
4	水平分布钢筋	(2)Φ4@150	☐
5	垂直分布钢筋	(2)Φ4@150	☐
6	拉筋		☐
7	材质	预拌混凝土(泵送型)	☐
8	混凝土类型	(粒径31.5砼32.5级坍落度35…	☐
9	混凝土类别	泵送商品砼	☐
10	混凝土强度等级	(C30)	☐
11	混凝土外加剂	(无)	
12	泵送类型	(混凝土泵)	
13	泵送高度(m)		
14	内/外墙标志	(外墙)	☑
15	类别	混凝土墙	☐

图 6.8

（2）连梁的属性定义

连梁在结施-05 中，其属性信息如图 6.9 和图 6.10 所示。

	属性名称	属性值	附加
1	名称	AL-1	
2	类别	暗梁	☐
3	截面宽度(mm)	300	☐
4	截面高度(mm)	500	☐
5	轴距梁左边…	(150)	☐
6	上部钢筋	4Φ20	☐
7	下部钢筋	4Φ20	☐
8	箍筋	Φ10@200(2)	☐
9	侧面纵筋(总配…		☐
10	胶数	2	☐
11	拉筋		☐
12	材质	预拌混凝土(泵送型)	☐
13	混凝土强度等级	(C30)	☐
14	混凝土外加剂	(无)	
15	泵送类型	(混凝土泵)	
16	泵送高度(m)		
17	终点为顶层暗梁	否	
18	起点为顶层暗梁	否	
19	起点顶标高(m)	层顶标高	☐
20	终点顶标高(m)	层顶标高	☐
21	备注		☐

图 6.9

	属性名称	属性值	附加
1	名称	LL2(1)	
2	截面宽度(mm)	300	☐
3	截面高度(mm)	1050	☐
4	轴线距左边…	(150)	☐
5	全部纵筋		☐
6	上部纵筋	2Φ20	☐
7	下部纵筋	2Φ20	☐
8	箍筋	Φ10@100/200(2)	☐
9	胶数	2	
10	拉筋	(Φ6)	
11	侧面纵筋(总配…	GΦ12@200	☐
12	材质	预拌混凝土(泵送型)	☐
13	混凝土类型	(粒径31.5砼32.5级坍落度35~50)	☐
14	混凝土强度等级	(C30)	☐
15	混凝土外加剂	(无)	
16	泵送类型	(混凝土泵)	
17	泵送高度(m)		
18	截面周长(m)	2.7	☐
19	截面面积(m²)	0.315	☐
20	起点顶标高(m)	层顶标高	☐
21	终点顶标高(m)	层顶标高	☐

图 6.10

（3）暗梁的属性定义

暗梁信息在结施-02 图纸中，在导航树中选择"墙"→"暗梁"，属性定义如图 6.11 所示。

图 6.11

4) 做法套用

Q-1,Q-1-1,Q-2 做法套用相同,如图 6.12 所示。

编码	类别	名称	项目特征	单位	工程量表达式	表达式说明	单价	综合单价	措施项目	专业
1 ⊟ 010504001001	项	直形墙	1.混凝土种类:商品砼 2.混凝土强度等级:C30	m3	TJ	TJ〈体积〉			☐	建筑工程
2 6-200	定	(C30泵送商品砼)砼挡土墙和地下室墙		m3	TJ	TJ〈体积〉	455.63		☐	土建
3 ⊟ 011702011001	项	直形墙 模板		m2	MBMJ	MBMJ〈模板面积〉			☑	建筑工程
4 21-50	定	现浇直形墙 复合木模板		m2	MBMJ	MBMJ〈模板面积〉	463		☑	土建

图 6.12

Q-3 做法套用,如图 6.13 所示。

编码	类别	名称	项目特征	单位	工程量表达式	表达式说明	单价	综合单价	措施项目	专业
1 ⊟ 010504001003	项	直形墙	电梯井壁 1.混凝土种类:商品砼 2.混凝土强度等级:C30	m3	TJ	TJ〈体积〉			☐	建筑工程
2 6-204	定	(C30泵送商品砼)电梯井壁		m3	TJ	TJ〈体积〉	550.03		☐	土建
3 ⊟ 011702013001	项	短肢剪力墙、电梯井壁 模板		m2	MBMJ	MBMJ〈模板面积〉			☑	建筑工程
4 21-52	定	现浇电梯井壁 复合木模板		m2	MBMJ	MBMJ〈模板面积〉	467.46		☑	土建

图 6.13

Q-1(弧形)做法套用,如图 6.14 所示。

编码	类别	名称	项目特征	单位	工程量表达式	表达式说明	单价	综合单价	措施项目	专业
1 ⊟ 010504002001	项	弧形墙	1.混凝土种类:商品砼 2.混凝土强度等级:C30	m3	TJ	TJ〈体积〉			☐	建筑工程
2 6-200	定	(C30泵送商品砼)砼挡土墙和地下室墙		m3	TJ	TJ〈体积〉	455.63		☐	土建
3 ⊟ 011702012001	项	弧形墙 模板		m2	MBMJ	MBMJ〈模板面积〉			☑	建筑工程
4 21-55	定	现浇弧形墙 复合木模板		m2	MBMJ	MBMJ〈模板面积〉	664.04		☑	土建

图 6.14

5）画法讲解

①用直线功能绘制即可，操作方法同首层。

②偏移，方法同首层。完成后如图 6.15 所示。

图 6.15

在相应位置用直线功能绘制即可，完成后如图 6.16 所示。

图 6.16

四、任务结果

汇总计算，地下一层剪力墙清单、定额工程量，见表 6.4。

表 6.4　地下一层剪力墙清单、定额工程量

编码	项目名称	单位	工程量
010504001001	直形墙 （1）混凝土种类：商品混凝土 （2）混凝土强度等级：C30	m³	140.0217
6-200	（C30 泵送商品混凝土）混凝土挡土墙和地下室墙	m³	140.0217
010504001003	直形墙 电梯井壁 （1）混凝土种类：商品混凝土 （2）混凝土强度等级：C30	m³	3.5844

续表

编码	项目名称	单位	工程量
6-204	（C30 泵送商品混凝土）电梯井壁	m³	3.5844
010504002001	弧形墙 （1）混凝土种类：商品混凝土 （2）混凝土强度等级：C30	m³	7.932
6-200	（C30 泵送商品混凝土）混凝土挡土墙和地下室墙	m³	7.932

五、总结拓展

地下一层剪力墙的中心线和轴线位置不重合，如果每段墙体都来用"修改轴线距边的距离"较为麻烦。而图纸中显示剪力墙的外边线和柱的外边线平齐，因此，可先在轴线上绘制剪力墙，然后使用"单对齐"功能将墙的外边线和柱的外边线对齐即可。

问题思考

结合软件，分析剪力墙钢筋的锚固方式是怎样的。

6.3　地下一层梁、板、砌体墙的工程量计算

通过本节的学习，你将能够：
统计地下一层梁、板及砌体墙的工程量。

一、任务说明
①完成地下一层梁、板及砌体墙的属性定义、做法套用及绘制。
②汇总计算，统计地下一层梁、板及砌体墙的工程量。

二、任务分析
地下一层梁、板及砌体墙和首层有什么不同？

三、任务实施
①分析结施-05 和结施-06，可知地下一层和首层梁基本相同，在⑧轴④~⑤轴处原位标注信息不同。
②分析结施-09 可得到板的信息。
③分析建施-03 可得到砌体墙的信息。

地下一层梁、板及砌体墙的属性定义与做法套用等同首层梁、板及砌体墙的操作方法。

四、任务结果

汇总计算,地下一层梁、板及砌体墙清单、定额工程量,见表6.5。

表 6.5　地下一层梁、板及砌体墙清单、定额工程量

编码	项目名称	单位	工程量
010401005001	砌块墙 (1)砖品种、规格、强度等级:200 mm 厚轻骨料混凝土小型空心砌块 (2)墙体类型:内墙 (3)砂浆强度等级、配合比:水泥砂浆 M5.0	m³	87.9961
4-19	(M5 混合砂浆)轻骨料混凝土小型空心砌块墙厚 190 mm	m³	87.9961
010505001001	有梁板 (1)混凝土种类:商品混凝土 (2)混凝土强度等级:C30	m³	101.0433
6-207	(C30 泵送商品混凝土)有梁板	m³	101.0344

五、总结拓展

通过"从其他层复制"命令,可以实现快速建模。

题思考

如何计算框架间墙的长度?

6.4　地下一层门窗洞口、圈梁的工程量计算

通过本节的学习,你将能够:
统计地下一层门窗洞口、圈梁工程量。

一、任务说明

①完成地下一层门窗洞口、圈梁构件的定义及做法套用、绘制。
②汇总计算,统计地下一层门窗洞口、圈梁的工程量。

二、任务分析

地下一层门窗洞口、圈梁和首层有什么不同?

三、任务实施

1)图纸分析

分析建施-03,可得到地下室门窗洞口信息。分析建施-12 中的①号大样,可得到地圈梁的信息。

2)做法套用

门窗洞口的属性定义及做法套用同首层。地圈梁的属性定义及做法套用如图 6.17所示。

图 6.17

四、任务结果

汇总计算,地下一层门窗洞口、圈梁的清单、定额工程量,见表 6.6。

表 6.6 地下一层门窗洞口、圈梁的清单、定额工程量

编码	项目名称	单位	工程量
010503004001	圈梁 (1)混凝土种类:商品混凝土 (2)混凝土强度等级:C25	m³	1.2828
6-196 H80212103 80212104	(C20 泵送商品混凝土)圈梁 换为【C25 预拌混凝土(泵送)】	m³	1.2828
010801001001	木质门 门代号及洞口尺寸:M1021	樘	18

续表

编码	项目名称	单位	工程量
9-66	平开木板大门 无小门	樘	18
010802003001	钢质防火门 FM 甲 1021	樘	2
9-77	防火门	樘	2
010802003002	钢质防火门 门代号及洞口尺寸:FM 乙 1121	樘	1
9-77	防火门	樘	1
010807001001	金属(塑钢、断桥)窗 窗代号及洞口尺寸:C1624	m²	7.68
16-3	铝合金窗 推拉窗安装	10 m²	0.768

 题思考

门窗洞口与墙体间的相互扣减关系是怎样的?

7 基础层工程量计算

通过本章的学习,你将能够:
(1)分析基础层需要计算的内容;
(2)定义独立基础、止水板、垫层、土方等构件;
(3)统计基础层的工程量。

7.1 独立基础、止水板、垫层的定义与绘制

通过本节的学习,你将能够:
(1)依据定额、清单分析独立基础、止水板、垫层的计算规则,确定计算内容;
(2)定义独立基础、止水板、垫层;
(3)绘制独立基础、止水板、垫层;
(4)统计独立基础、止水板、垫层的工程量。

一、任务说明
①完成独立基础、止水板、垫层的构件定义及做法套用、绘制。
②汇总计算,统计独立基础、止水板、垫层的工程量。

二、任务分析
①基础层都有哪些需要计算的构件工程量?
②独立基础、止水板、垫层如何定义和绘制?

三、任务实施

1)分析图纸

①分析结施-03可知,本工程为独立基础,混凝土强度等级为C30,独立基础顶标高为止水板顶标高(-3.95 m)。

②分析结施-03可知,基础部分的止水板的厚度为350 mm,止水板采用筏板基础进行处理。

③分析结施-03可知,本工程基础垫层为100 mm厚的混凝土,顶标高为基础底标高,出

边距离为 100 mm。

2）清单、定额计算规则学习

（1）清单计算规则学习

独立基础、止水板、垫层清单计算规则，见表 7.1。

表 7.1　独立基础、止水板、垫层清单计算规则

编码	项目名称	单位	计算规则
010501003	独立基础	m³	按设计图示尺寸以体积计算。不扣除构件内钢筋、预埋铁件和伸入承台基础的桩头所占体积
010501004	满堂基础	m³	按设计图示尺寸以体积计算。不扣除伸入承台基础的桩头所占体积
011702001	基础 模板	m²	按模板与现浇混凝土构件的接触面积计算
010501001	垫层	m³	按设计图示尺寸以体积计算
041102001	垫层 模板	m²	按模板与现浇混凝土构件的接触面积计算

（2）定额计算规则学习

独立基础、止水板、垫层定额计算规则，见表 7.2。

表 7.2　独立基础、止水板、垫层定额计算规则

编码	项目名称	单位	计算规则
6-183	（C20 泵送商品混凝土）无梁式满堂（板式）基础	m³	按设计图示尺寸以体积计算
21-8	现浇无梁式钢筋混凝土满堂基础 复合木模板	10 m²	按模板与现浇混凝土构件的接触面积计算
6-8-2	（C30 混凝土）桩承台独立柱基基础	m³	按设计图示尺寸以体积计算
21-12	现浇各种柱基、桩承台 复合木模板	10 m²	按模板与现浇混凝土构件的接触面积计算
6-178-1	（C15 泵送商品混凝土）基础无筋混凝土垫层	m³	按设计图示尺寸以体积计算
21-2	混凝土垫层 复合木模板	10 m²	按模板与现浇混凝土构件的接触面积计算

3）构件属性定义

（1）独立基础属性定义

下面以 JC-1 为例，介绍独立基础属性定义。单击导航树中"基础"→"独立基础"，选择"新建"→"新建独立基础"，单击鼠标右键，选择"新建矩形独立基础单元"，如图 7.1 所示。其属性定义如图 7.2 所示。

图 7.1

图 7.2

（2）止水板属性定义

单击导航树中"基础"→"筏板基础"，选择"新建"→"新建筏板基础"，修改其名称为止水板，其属性如图 7.3 所示。

（3）垫层属性定义

单击导航树中"基础"→"垫层"，选择"新建"→"新建面式垫层"，垫层的属性定义，如图 7.4 所示。

图 7.3

图 7.4

4) 做法套用

（1）独立基础

独立基础 JC-1-1 的做法套用，如图 7.5 所示。其他独立基础清单的做法套用相同。可采用做法刷功能完成所有独立基础的做法套用，如图 7.6 所示。

	编码	类别	名称	项目特征	单位	工程量表达式	表达式说明	单价	综合单价	措施项目	专业
1	⊟ 010501003 001	项	独立基础	1.混凝土种类:商品砼 2.混凝土强度等级:C30	m3	TJ	TJ<体积>			☐	建筑工程
2	6-6-2	定	(C30砼) 桩承台独立柱基基础		m3	TJ	TJ<体积>	383.54		☐	土建
3	⊟ 011702001 001	项	基础 模板		m2	MBMJ	MBMJ<模板面积>			☑	建筑工程
4	21-12	定	现浇各种柱基、桩承台 复合木模板		m2	MBMJ	MBMJ<模板面积>	597.99		☑	土建

图 7.5

图 7.6

（2）止水板

止水板的做法套用，如图 7.7 所示。

	编码	类别	名称	项目特征	单位	工程量表达式	表达式说明	单价	综合单价	措施项目	专业
1	□ 010501004001	项	满堂基础	1.混凝土种类:商品砼 2.混凝土强度等级:C30	m3	TJ	TJ〈体积〉			□	建筑工程
2	6-183 H80212103 80212105	换	(C20泵送商品砼) 无梁式满堂 (板式)基础 换为【C30预拌 混凝土(泵送)】		m3	TJ	TJ〈体积〉	400.81		□	土建
3	□ 011702001002	项	基础 模板		m2	MBMJ	MBMJ〈模板面积〉			☑	建筑工程
4	21-8	定	现浇无梁式钢筋混凝土满堂基 础 复合木模板		m2	MBMJ	MBMJ〈模板面积〉	496.31		☑	土建

图 7.7

（3）垫层

垫层的做法套用，如图 7.8 所示。

	编码	类别	名称	项目特征	单位	工程量表达式	表达式说明	单价	综合单价	措施项目	专业
1	□ 010501001001	项	垫层	1.混凝土种类:商品砼 2.混凝土强度等级:C15	m3	TJ	TJ〈体积〉			□	建筑工程
2	6-178-1	定	(C15泵送商品砼)基础无筋砼 垫层		m3	TJ	TJ〈体积〉	411.85		□	土建
3	□ 011702001003	项	基础 模板		m2	MBMJ	MBMJ〈模板面积〉			☑	建筑工程
4	21-2	定	混凝土垫层 复合木模板		m2	MBMJ	MBMJ〈模板面积〉	691.23		☑	土建

图 7.8

5）画法讲解

（1）独立基础

以"点"或者"智能布置-柱"命令布置独立基础。

（2）筏板基础

①止水板用"矩形"命令绘制，用鼠标左键单击①/Ⓓ轴交点，再次单击⑧/Ⓐ轴交点，如

图 7.9 所示。

图 7.9

②由结施-02 可知,止水板左右侧外边线距轴线尺寸为 2200 mm,上下侧外边线距轴线尺寸为 2700 mm。单击"偏移"命令,默认偏移方式为"整体偏移",选中止水板,鼠标移动至止水板的外侧输入 2200 mm,按回车键;再次单击"偏移"命令,修改偏移方式为"多边偏移",选中止水板,单边偏移尺寸 500 mm,即可完成止水板的绘制。如图 7.10—图 7.12 所示。在电梯井处是没有止水板的,用"分割"命令沿着剪力墙 Q3 内边线分割即可完成。

图 7.10

图 7.11

图 7.12

　　止水板内的钢筋绘制方法同板钢筋。新建筏板主筋,修改钢筋信息如图 7.13 和图 7.14 所示。用鼠标左键单击止水板即可完成钢筋布置。

图 7.13

图 7.14

③垫层在独立基础下方,属于面式构件,选择"智能布置"→"独立基础",在弹出的对话框中输入出边距离"100 mm",单击"确定"按钮,框选独立基础,即可完成垫层的布置。在止水板下的垫层绘制方法同独立基础下方垫层,输入出边距离"300 mm"。电梯井处垫层需分割后删除。

四、任务结果

汇总计算,独立基础、垫层的清单、定额工程量,见表 7.3。

表 7.3　独立基础、垫层的清单、定额工程量

编码	项目名称	单位	工程量
010501003001	独立基础 (1)混凝土种类:商品混凝土 (2)混凝土强度等级:C30	m³	65.328
6-8-2	(C30 混凝土) 桩承台独立柱基基础	m³	65.328
010501004001	满堂基础 (1)混凝土种类:商品混凝土 (2)混凝土强度等级:C30	m³	316.757
6-183 H80212103 80212105	(C20 泵送商品混凝土) 无梁式满堂(板式)基础 换为【C30 预拌混凝土(泵送)】	m³	316.757
010401001001	砖基础	m³	1.93
4-1	直形砖基础(M5 水泥砂浆)	m³	1.93
010501001001	垫层 (1)混凝土种类:商品混凝土 (2)混凝土强度等级:C15	m³	106.7037
6-178-1	(C15 泵送商品混凝土) 基础无筋混凝土垫层	m³	106.7037

五、总结拓展

建模四棱台独立基础

图纸中的基础形式为单阶矩形基础,常见的基础形式还包括坡型基础。如图纸为坡型基础,软件提供了多种参数图供选择,如图 7.15 所示,选择"新建参数化独立基础单元"后,选择参数化图,输入相应数据,用"画"或者"智能布置-柱"命令布置图元,如图 7.16 所示。

图 7.15

图 7.16

问题思考

(1)阳台下基础部分需要绘制哪些构件?如何定义?

(2)点式、线式、面式垫层有何不同?

7.2 土方工程量计算

通过本节的学习,你将能够:

(1)依据清单、定额分析挖土方的计算规则;

(2)定义基坑土方和大开挖土方;

（3）统计挖土方的工程量。

一、任务说明

①完成土方工程的构件定义、做法套用及绘制。
②汇总计算土方工程量。

二、任务分析

①哪些地方需要挖土方？
②基础回填土方应如何进行计算？

三、任务实施

1）分析图纸

分析结施-02 可知，本工程独立基础 JC-7 的土方属于基坑土方，止水板的土方为大开挖土方。依据定额可知，挖土方有工作面 300 mm，根据挖土深度需要放坡，放坡土方增量按照定额规定计算。

2）清单、定额计算规则学习

（1）清单计算规则学习

土方清单计算规则，见表7.4。

表 7.4　土方清单计算规则

编码	项目名称	单位	计算规则
010101002	挖一般土方	m³	按设计图示尺寸以基础垫层底乘以挖土深度计算
010101004	挖基坑土方	m³	按设计图示尺寸以基础垫层底乘以挖土深度计算

（2）定额计算规则学习

土方定额计算规则，见表7.5。

表 7.5　土方定额计算规则

编码	项目名称	单位	计算规则
1-3	人工挖一般土方 三类土	m³	按挖土底面积乘以挖土深度以体积计算。挖土深度超过放坡起点 1.5 m 时，另计算放坡土方增量
1-204	反铲挖掘机(1 m³以内)挖土装车	m³	按设计图示面积计算
1-262	自卸汽车运土运距在<1 km	m³	回填土按挖土体积减去室外设计地坪以下埋设的基础体积、建筑物、构筑物、垫层所占的体积，以体积计算
1-7	人工挖三类干土深<1.5 m	m³	同清单
1-13	人工挖土深>1.5 m 增加费 深<2 m	m³	同清单

3) 土方属性定义和绘制

(1) 基坑土方绘制

用反建构件法,在垫层界面单击"生成土方",如图 7.17 所示。

选择 JC-7 下方的垫层,单击鼠标右键,即可完成基坑土方的定义和绘制。

图 7.17

(2) 挖一般土方绘制

在筏板基础定义界面,选择"生成土方",如图 7.18 所示。

图 7.18

用鼠标左键选择止水板,单击鼠标右键,即可完成大开挖土方的定义和绘制,如图 7.19 所示。

图 7.19

4)土方做法套用

大开挖、基坑土方做法套用,如图 7.20 和图 7.21 所示。

图 7.20

图 7.21

四、任务结果

汇总计算,本层土方清单、定额工程量,见表 7.6。

表 7.6 土方清单、定额工程量

编码	项目名称	单位	工程量
010101002001	挖一般土方 (1)土壤类别:三类土 (2)挖土深度:4.4 m (3)弃土运距:1 km	m³	4225.8652
1-3	人工挖一般土方 三类土	m³	4225.8652
1-204	反铲挖掘机(1 m³以内)挖土装车	1000 m³	4.2258652
1-262	自卸汽车运土运距在<1 km	1000 m³	4.2258652
010101004001	挖基坑土方 (1)土壤类别:三类土 (2)挖土深度:0.15 m (3)弃土运距:1 km	m³	10.4246
1-7	人工挖三类干土深<1.5 m	m³	10.4246
010101004002	挖基坑土方 (1)土壤类别:三类土 (2)挖土深度:2 m (3)弃土运距:1 km	m³	61.4731
1-7	人工挖三类干土深<1.5 m	m³	61.4731
1-13	人工挖土深>1.5 m 增加费 深<2 m	m³	61.4731
010101004003	挖基坑土方 (1)土壤类别:三类土 (2)挖土深度:0.25 m (3)弃土运距:1 km	m³	72.5986
1-7	人工挖三类干土深<1.5 m	m³	72.5986

五、总结拓展

土方的定义和绘制可采用自动生成功能实现,也可手动定义和绘制。

问 题思考

(1)基槽土方如何定义与绘制?

(2)土方回填的智能布置如何完成?

8 装修工程量计算

通过本章的学习,你将能够:

(1)定义楼地面、天棚、墙面、踢脚、吊顶;

(2)在房间中添加依附构件;

(3)统计各层的装修工程量。

8.1 首层室内装修工程量计算

通过本节的学习,你将能够:

(1)定义房间;

(2)分类统计首层室内装修的工程量。

一、任务说明

①完成首层装修工程的楼地面、天棚、墙面、踢脚、吊顶的构件定义及做法套用。

②建立首层房间单元,添加依附构件并绘制。

③汇总计算,统计首层室内装修工程的工程量。

二、任务分析

①楼地面、天棚、墙面、踢脚、吊顶的构件做法在图中什么位置可以找到?

②各装修做法套用清单和定额时,如何正确地编辑工程量表达式?

③装修工程中如何用虚墙分割空间?

④外墙保温如何定义、套用做法?地下与地上一样吗?

三、任务实施

1)分析图纸

分析建施-01的室内装修做法表,首层有6种装修类型的房间:大堂、办公室1、办公室2、楼梯间、走廊、卫生间;装修做法有楼面1、楼面2、楼面3、楼面4、踢脚1、踢脚2、踢脚3、墙裙1、内墙1、内墙2、天棚1、吊顶1、吊顶2。

2) 清单、定额计算规则学习

(1) 清单计算规则学习

装饰装修清单计算规则, 见表 8.1。

表 8.1　装饰装修清单计算规则

编码	项目名称	单位	计算规则
011102003	块料楼地面	m²	按设计图示尺寸以面积计算。门洞、空圈、暖气包槽、壁龛的开口部分并入相应的工程量内
011102001	石材楼地面	m²	按设计图示尺寸以面积计算。门洞、空圈、暖气包槽、壁龛的开口部分并入相应的工程量内
011101001	水泥砂浆楼地面	m²	按设计图示尺寸以面积计算。扣除凸出地面构造物、设备基础、室内铁道、地沟等所占面积不扣除间壁墙及小于等于 0.3 m² 柱、垛、附墙烟囱及孔洞所占面积。门洞、空、暖气包槽、壁龛的开口部分不增加面积
011105003	块料踢脚线	m	(1) 以 m² 计量, 按设计图示长度乘高度以面积计算 (2) 以 m 计量, 按延长米计算
011105002	石材踢脚线	m	(1) 以 m² 计量, 按设计图示长度乘高度以面积计算 (2) 以 m 计量, 按延长米计算
011105001	水泥砂浆踢脚线	m	(1) 以 m² 计量, 按设计图示长度乘高度以面积计算 (2) 以 m 计量, 按延长米计算
011201001	墙面一般抹灰	m²	按设计图示尺寸以面积计算。扣除墙裙、门窗洞口及单个大于 0.3 m² 孔洞面积, 不扣除踢脚线、挂镜线和墙与构件交接处的面积, 门窗洞口和孔洞的侧壁及顶面不增加面积。附墙柱、梁、垛、烟囱侧壁并入相应的墙面面积内
011204003	块料墙面	m²	按镶贴表面积计算
011407001	墙面喷刷涂料	m²	按设计图示尺寸以面积计算
011407002	天棚喷刷涂料	m²	按设计图示尺寸以面积计算
011302001	吊顶天棚	m²	按设计图示尺寸以水平投影面积计算。天棚面中的灯槽及跌级、锯齿形、吊挂式、藻井式天棚面积不展开计算。不扣除间壁墙、检查口、附墙烟囱、柱垛和管道所占面积, 扣除单个大于 0.3 m² 的孔洞、独立柱及与天棚相连的窗帘盒所占的面积

(2) 定额计算规则学习

① 楼地面装修定额计算规则, 见表 8.2。

表 8.2　楼地面装修定额计算规则

编码	项目名称	单位	计算规则
13-83	400 mm×400 mm 地砖楼地面 水泥砂浆粘贴	m²	按设计图示尺寸以面积计算
13-15	找平层 水泥砂浆（厚 20 mm）混凝土或硬基层上	m²	按设计图示尺寸以面积计算
10-116	刷聚氨脂防水涂料（平面）二涂 1.5 mm	m²	按设计图示尺寸以面积计算
13-18	找平层 细石混凝土 厚 40 mm	m²	按设计图示尺寸以面积计算
13-22	水泥砂浆 楼地面 厚 20 mm	m²	按设计图示尺寸以面积计算
13-47	石材块料面板水泥砂浆楼地面	m²	按设计图示尺寸以面积计算

②踢脚定额计算规则，见表 8.3。

表 8.3　踢脚定额计算规则

编码	项目名称	单位	计算规则
13-50	石材块料面板水泥砂浆踢脚线	m	按设计图示尺寸以长度计算
13-27	水泥砂浆 踢脚线	m	按设计图示尺寸以长度计算
13-76	马赛克踢脚线 水泥砂浆粘贴	m	按设计图示尺寸以长度计算

③内墙面、独立柱装修定额计算规则，见表 8.4。

表 8.4　内墙面、独立柱装修定额计算规则

编码	项目名称	单位	计算规则
17-210	多彩涂料（两遍）墙柱面 抹灰面	m²	按设计图示尺寸以面积计算
14-28	墙面耐碱玻纤网格布 一层	m²	按设计图示尺寸以面积计算
14-38	砖墙内墙抹混合砂浆	m²	按设计图示尺寸以面积计算
14-84	单块面积 0.18 m² 以上墙砖 砂浆粘贴 墙面	m²	按设计图示尺寸以面积计算

④天棚、吊顶定额计算规则，见表 8.5。

表 8.5　天棚、吊顶定额计算规则

编码	项目名称	单位	计算规则
17-210	多彩涂料（两遍）墙柱面 抹灰面	m²	按设计图示尺寸以面积计算
15-85	混凝土天棚 水泥砂浆面 现浇	m²	按设计图示尺寸以水平投影面积计算
15-5	装配式 U 形（不上人型）轻钢龙骨 面层规格 300 mm×600 mm 简单	m²	按设计图示尺寸以面积计算
15-50	铝合金（嵌入式）方板天棚面层 平板	m²	按设计图示尺寸以面积计算
15-57	矿棉板天棚面层 搁放在 T 形铝合金龙骨上	m²	按设计图示尺寸以面积计算

续表

编码	项目名称	单位	计算规则
15-34	$\varphi 8$ $H=$吊筋 750+螺栓 250	m^2	按设计图示尺寸以面积计算
15-17	装配式 T 形（不上人型）铝合金龙骨 面层规格 500 mm×500 mm 简单	m^2	按设计图示尺寸以面积计算

3）装修构件的属性定义及做法套用

（1）楼地面的属性定义

单击导航树中的"装修"→"楼地面"，在"构件列表"中选择"新建"→"新建楼地面"，在属性编辑框中输入相应的属性值，如有房间需要计算防水，需在"是否计算防水"选择"是"，如图 8.1—图 8.4 所示。

图 8.1

图 8.2

图 8.3

图 8.4

（2）踢脚的属性定义

新建踢脚构件的属性定义，如图 8.5—图 8.7 所示。

图 8.5

图 8.6

图 8.7

（3）内墙面的属性定义

新建内墙面构件的属性定义，如图 8.8 和图 8.9 所示。

图 8.8

图 8.9

（4）天棚的属性定义

天棚构件的属性定义，如图 8.10 所示。

（5）吊顶的属性定义

分析建施-01 可知，吊顶 1 距地的高度、吊顶 1 的属性定义，如图 8.11 和图 8.12 所示。

（6）房间的属性定义

通过"添加依附构件"，建立房间中的装修构件。构件名称下"楼面 1"可以切换成"楼面 2"或是"楼面 3"，其他的依附构件也是同理进行操作，如图 8.13 所示。

图 8.10

图 8.11

图 8.12

图 8.13

4）房间的绘制

"点"绘制。按照建施-04 中房间的名称,选择软件中建立好的房间,在需要布置装修的房间单击一下,房间中的装修即自动布置上去。绘制好的房间,用三维查看效果。为保证大厅的"点"功能绘制,可在④~⑤/⑧轴上补画一道虚墙,如图 8.14 所示。

图 8.14

四、任务结果

按照上述方法,完成所有房间的建立,并汇总计算,统计首层室内装饰装修清单、定额工程量,见表 8.6。

表 8.6　首层室内装饰装修清单、定额工程量

编码	项目名称	单位	工程量
010903002001	墙面涂膜防水 内墙 2:瓷砖墙面 （1）1.5 mm 厚聚氨脂涂膜防水（$h=1800$ mm） （2）15 mm 厚 1:3:9 水泥石灰砂浆打底	m²	80.43
010904002001	楼（地）面涂膜防水	m²	43.185
011101001002	水泥砂浆楼地面 楼面 4:水泥楼面 （1）20 mm 厚 1:3 水泥砂浆压实赶光 （2）30 mm 厚细石混凝土 （3）钢筋混凝土楼板	m²	64.8128

续表

编码	项目名称	单位	工程量
011102001002	石材楼地面 楼面 3：大理石楼面 （1）20 mm 厚光面大理石 （2）5 mm 厚 1：1 水泥细砂浆结合层 （3）20 mm 厚 1：3 水泥砂浆找平层 （4）钢筋混凝土楼板随捣随抹	m²	115.87
011102003003	块料楼地面 楼面 1：地砖楼面 （1）10 mm 厚地砖，白水泥擦缝（规格、尺寸、色彩另定） （2）5 mm 厚 1：1 水泥细砂浆结合层 （3）20 mm 厚 1：3 水泥砂浆找坡找平 （4）钢筋混凝土楼板	m²	323.6922
011102003004	块料楼地面 楼面 2：防滑地砖楼面 （1）10 mm 厚防滑地砖，白水泥擦缝（规格、尺寸、色彩另定） （2）5 mm 厚 1：1 水泥细砂浆结合层 （3）20 mm 厚 1：3 水泥砂浆找坡找平 （4）1.5 mm 厚聚氨脂两遍涂抹防水层 四周卷起 300 mm 高 （5）钢筋混凝土楼板	m²	65.02
011105001001	水泥砂浆踢脚线 （1）踢脚 3：水泥踢脚 $H=100$ mm （2）6 mm 厚 1：3 水泥砂浆罩面压实赶光 （3）素水泥浆一道 （4）6 mm 厚 1：3 水泥砂浆打底扫毛	m²	3.22
011105002001	石材踢脚线 踢脚 2：大理石踢脚 $H=100$ mm （1）20 mm 厚大理石板，稀水泥浆擦缝 （2）20 mm 厚 1：2 水泥砂浆灌缝	m²	6.08
011105003001	块料踢脚线 踢脚 1：地砖踢脚 $H=10$ mm （1）100 mm 高地砖（颜色同楼地面） （2）6 mm 厚 1：2 水泥砂浆粉面压实抹光 （3）12 mm 厚 1：3 水泥砂浆打底	m²	23.2025

续表

编码	项目名称	单位	工程量
011201001001	墙面一般抹灰 墙裙1：大理石板墙裙 （1）6 mm 厚 1:0.5:2.5 水泥石灰膏砂浆罩面 （2）8 mm 厚 1:3 水泥砂浆打底扫毛划出纹道 （3）素水泥浆一道甩毛（内掺建筑胶）	m²	14.4
011201001002	墙面一般抹灰 内墙1：涂料墙面 15 mm 厚 1:3:9 水泥石灰砂浆打底	m²	1020.0911
011201001003	墙面一般抹灰 外墙1：面砖外墙 （1）专用黏结层 （2）20 mm 厚 1:3 水泥砂浆找平，内掺 3% 防水剂 （3）刷界面处理剂一道 （4）钢筋混凝土或砌块墙	m²	224.947
011201001004	墙面一般抹灰 外墙2：干挂大理石外墙 （1）6 mm 厚抗裂砂浆保护层 （2）镀锌钢丝网锚固件卡紧 （3）12 mm 厚 1:3 聚合物水泥防水砂浆找平 （4）刷界面处理剂一道 （5）基层墙体	m²	93.6968
011201001005	墙面一般抹灰 外墙3：墙面喷刷涂料 （1）20 mm 厚混合砂浆 （2）8 mm 厚防裂抗渗剂砂浆防护面层 （3）20 mm 厚 1:3 水泥砂浆找平层 （4）满布 0.3 mm 钢丝网 （5）基层墙体	m²	23.652
011204001001	石材墙面 墙裙1：大理石板墙裙 （1）稀水泥浆擦缝 （2）贴 10 mm 厚大理石板，正、背面及四周边满刷防污剂 （3）素水泥浆一道	m²	14.4
011204001002	石材墙面 外墙2：干挂大理石外墙 （1）石材开槽固定在不锈钢挂件上 （2）固定不锈钢挂件	m²	93.6968

续表

编码	项目名称	单位	工程量
011204003001	块料墙面 内墙 2:瓷砖墙面 (1)8 mm 厚瓷砖白水泥擦缝高度至吊顶上 50 mm (2)6 mm 厚 1:0.1:2.5 水泥石灰砂浆结合层 (3)20 mm 厚 1:2.5 水泥砂浆保护层	m²	73.35
011204003002	块料墙面 外墙 1:面砖外墙 (1)面砖水泥砂浆勾缝 (2)10 mm 厚 1:2水泥砂浆黏结层 (3)10 mm 厚 1:3水泥砂浆打底扫毛	m²	224.947
011302001001	吊顶天棚 吊顶 1:铝合金条板吊顶 (1)现浇钢筋混凝土楼板 (2)1 mm 厚铝合金板面层 (3)铝合金中龙骨⊥32×24×1.2,中距等于板材宽度 (4)轻钢大龙骨 60×30×1.5(吊点附吊挂),中距 900 mm (5)铝合金横撑⊥32×24×1.2,中距等于板材宽度 (6)A8 钢筋吊杆,双向吊点、中距 900 mm	m²	439.6222
011302001002	吊顶天棚 吊顶 2:矿棉板吊顶 (1)现浇钢筋混凝土楼板 (2)600 mm×600 mm 矿棉板 (3)轻钢中龙骨 19×50×0.5,中距 900 mm (4)A8 钢筋吊杆,双向吊点@ 900～1200 mm (5)钢筋混凝土板内埋 A6 铁环,双向中短 1000 mm	m²	42.525
011407001001	墙面喷刷涂料 内墙 1:涂料墙面 (1)刷白色内墙涂料 (2)10 mm 厚 1:2水泥砂浆粉面压实抹光 (3)3 mm 厚耐碱玻纤网格布一层	m²	1051.4323
011407002001	天棚喷刷涂料 天棚 1:抹灰天棚 (1)刷内墙涂料 (2)6 mm 厚 1:1:6混合砂浆粉面 (3)6 mm 厚 1:3聚合物水泥砂浆打底 (4)刷素水泥浆一道(内掺水重 3%～5%建筑胶)	m²	76.9648

五、总结拓展

装修的房间必须是封闭的

在绘制房间图元时,要保证房间必须是封闭的,如不封闭,可使用虚墙将房间封闭。

问题思考

(1)虚墙是否计算内墙面工程量?

(2)虚墙是否影响楼面的面积?

8.2 其他层室内装修工程量计算

通过本小节的学习,你将能够:

(1)分析软件在计算装修工程量时的计算思路;

(2)计算其他楼层室内装修的工程量。

其他楼层装修方法同首层,也可考虑从首层复制图元。

一、任务说明

完成其他楼楼层室内装修的工程量。

二、任务分析

①其他楼层与首层做法有何不同?

②装修工程量的计算与主体构件的工程量计算有何不同?

三、任务实施

1)分析图纸

分析建施-01中室内装修做法表可知,地下一层除地面外,所用的装修做法和首层装修做法基本相同,地面做法为地面1、地面2、地面3。二层至四层装修做法和首层的装修做法基本相同,可以把首层构件复制到其他楼层,然后重新组合房间即可。

2)清单、定额计算规则学习

(1)清单计算规则

其他层装修清单计算规则,以地下一层(地面4层)为例,见表8.7。

(2)定额计算规则

其他层装修定额计算规则,以地下一层(地面4层)为例,表8.8。

表 8.7　其他层装修清单计算规则

编码	项目名称	单位	计算规则
011101001	水泥砂浆 楼地面	m²	按设计图示尺寸以面积计算。扣除凸出地面构筑物、设备基础、室内铁道、地沟等所占面积，不扣除间壁墙及小于 0.3 m² 柱、垛、附墙烟囱及孔洞所占面积。门洞、空圈、暖气包槽、壁龛的开口部分不增加面积

表 8.8　其他层装修定额计算规则

编码	项目名称	单位	计算规则
13-22	水泥砂浆 楼地面 厚 20 mm	m²	按设计图示尺寸以面积计算
13-11	垫层（C15 混凝土）不分格	m³	按设计图示尺寸以体积计算

四、任务结果

汇总计算，地下一层装修（地面 4 层）清单、定额工程量，见表 8.9。

表 8.9　地下一层装修（地面 4 层）清单、定额工程量

编码	项目名称	单位	工程量
011101001001	水泥砂浆楼地面 地面 4：水泥地面 （1）20 mm 厚 1∶3水泥砂浆抹面压实赶光 （2）素水泥浆一道（内掺建筑胶）地下室 P8 抗渗钢筋混凝土自防水底板，底板顶部找坡，详结施 （3）4 mm 厚 SBS 改性沥青防水卷材 （4）100 mm 厚 C15 混凝土垫层	m²	19.32
13-11	垫层（C15 混凝土）不分格	m³	1.932
13-22 H80010123 80010125	水泥砂浆 楼地面 厚 20 mm 换为【水泥砂浆 比例 1∶3】	10 m²	1.932
010904001001	楼（地）面卷材防水	m²	19.62
10-125	平面粘贴沥青卷材（石油沥青粘贴）二毡三油	10 m²	1.962

外墙装饰及保温层工程量计算

通过本节的学习,你将能够:

(1)定义并统计外墙装饰的工程量;

(2)定义并统计外墙保温层的工程量。

一、任务说明

完成各楼层外墙装饰及保温层的工程量。

二、任务分析

①地上外墙与地下部分保温层的做法有何不同?

②保温层增加后是否会影响外墙装修工程量计算?

三、任务实施

1)分析图纸

分析建施-01 中"(六)墙体设计"可知,外墙外侧作 50 mm 厚的保温。

2)清单、定额计算规则学习

(1)清单计算规则学习

外墙装饰及保温层清单计算规则,见表 8.10。

表 8.10 外墙装饰及保温层清单计算规则

编码	项目名称	单位	计算规则
011204003	块料墙面	m^2	按镶贴表面积计算
011204001	石材墙面	m^2	按镶贴表面积计算
011407001	墙面喷刷涂料	m^2	按设计图示尺寸以面积计算
011201001	墙面一般抹灰	m^2	按设计图示尺寸以面积计算。扣除墙裙、门窗洞口及单个大于 0.3 m^2 孔洞面积,不扣除踢脚线、挂镜线和墙与构件交接处的面积,门窗洞口和孔洞的侧壁及顶面不增加面积。附墙柱、梁、垛、烟囱侧壁并入相应的墙面面积内
011001003	保温隔热墙面	m^2	按设计图示尺寸以面积计算。扣除门窗洞口以及面积大于 0.3 m^2 梁、孔洞所占面积;门窗洞口侧壁以及与墙相连的柱,并入保温墙体工程量内

（2）定额计算规则学习

外墙装饰及保温层定额计算规则，见表 8.11。

表 8.11　外墙装饰及保温层定额计算规则

编码	项目名称	单位	计算规则
14-80	单块面积 0.06 m² 以内墙砖 砂浆粘贴 墙面	m²	按设计图示尺寸以面积计算
14-30	热镀锌钢丝网	m²	按设计图示尺寸以面积计算
14-24	钢丝网墙抹水泥砂浆	m²	按设计图示尺寸以面积计算
14-32	加气混凝土面刷界面剂	m²	按设计图示尺寸以面积计算
14-136	钢骨架上干挂石材块料面板 墙面 密缝	m²	按设计图示尺寸以面积计算
7-61	龙骨钢骨架制作	t	按设计图示尺寸以面积计算
14-183	钢骨架安装	m²	按设计图示尺寸以面积计算
14-36	抗裂砂浆抹面（4+4）mm（钢丝网）	m²	按设计图示尺寸以面积计算
10-122	立面防水砂浆	m²	按设计图示尺寸以面积计算
17-210	多彩涂料（两遍）墙柱面 抹灰面	m²	按设计图示尺寸以面积计算
14-37	砖墙外墙抹混合砂浆	m²	按设计图示尺寸以面积计算
14-8	砖墙外墙抹水泥砂浆	m²	按设计图示尺寸以面积计算
11-38	外墙外保温聚苯乙烯挤塑板	m²	按设计图示尺寸以面积计算

新建外墙面，如图 8.15—图 8.17 所示。

图 8.15

用"点"功能绘制，鼠标在外墙外侧左键即可，如图 8.18 所示。

或者选择"智能布置"→"外墙外边线"，即可完成外墙的外侧保温层。

其他楼层的操作方法相同。

选择④~⑤轴线的外墙面 1，修改属性值"起点和终点底标高为 3.4"，如图 8.19 所示。

墙面 2 的操作方法同墙面 1，布置位置同墙面 1。

图 8.16

图 8.17

图 8.18

图 8.19

选择④~⑤轴的外墙面 2,修改属性值"起点和终点顶标高为 3.4"(因已经绘制了外墙面 1 和外墙面 2,选中时可以在三维状态下,选中外墙面 2),如图 8.20 所示。

图 8.20

外墙面 3 的绘制,如图 8.21 所示。

图 8.21

四、任务结果

汇总计算，外墙装修及保温清单、定额工程量，见表 8.12。

表 8.12 外墙装修及保温清单、定额工程量

编码	项目名称	单位	工程量
011001003001	保温隔热墙面 外墙1:面砖外墙 25 mm 厚保温聚苯乙烯挤塑板	m²	1114.7816
11-38	外墙外保温聚苯乙烯挤塑板 厚度 25 mm 砖墙面	10 m²	111.47816
011001003002	保温隔热墙面 外墙2:干挂大理石外墙 (1)25 mm 厚保温聚苯乙烯挤塑板 (2)6 mm 厚抗裂砂浆保护层	m²	98.4123
11-38	外墙外保温聚苯乙烯挤塑板 厚度 25 mm 砖墙面	10 m²	9.84123
14-36	抗裂砂浆抹面(4+4) mm（钢丝网）	10 m²	9.84123
011201001003	墙面一般抹灰 外墙1:面砖外墙 (1)热镀锌钢丝网 (2)专用黏结层 (3)20 mm 厚 1:3水泥砂浆找平,内掺3%防水剂 (4)刷界面处理剂一道	m²	1114.7816
14-24	钢丝网墙抹水泥砂浆	10 m²	111.47878

续表

编码	项目名称	单位	工程量
14-30	热镀锌钢丝网	10 m²	111.47878
14-32	加气混凝土面刷界面剂	10 m²	111.47816
011201001004	墙面一般抹灰 外墙2:干挂大理石外墙 （1）镀锌钢丝网锚固件卡紧 （2）12 mm 厚 1:3 聚合物水泥防水砂浆找平 （3）刷界面处理剂一道	m²	98.4123
10-122	立面防水砂浆	10 m²	9.84123
14-30	热镀锌钢丝网	10 m²	9.84123
14-32	加气混凝土面刷界面剂	10 m²	9.84123
011201001005	墙面一般抹灰 外墙3:涂料外墙 （1）20 mm 厚混合砂浆 （2）8 mm 厚防裂抗渗剂砂浆防护面层 （3）20 mm 厚 1:3 水泥砂浆找平层 （4）满布 0.3 mm 钢丝网	m²	77.9144
14-8	砖墙外墙抹水泥砂浆	10 m²	7.79144
14-30	热镀锌钢丝网	10 m²	7.79144
14-36	抗裂砂浆抹面（4+4）mm（钢丝网）	10 m²	7.79144
14-37	砖墙外墙抹混合砂浆	10 m²	7.79144
011204001001	石材墙面 外墙2:干挂大理石外墙 （1）石材开槽固定在不锈钢挂件上 （2）固定不锈钢挂件	m²	98.4123
7-61	龙骨钢骨架制作	t	98.4123
14-136	钢骨架上干挂石材块料面板 墙面 密缝	10 m²	9.84123
14-183	钢骨架安装	t	98.4123
011204003002	块料墙面 外墙1:面砖外墙 （1）墙面砖规格 200 mm×300 mm （2）6 mm 厚 1:0.1:2.5 混合砂浆黏结层 （3）12 mm 厚 1:3 水泥砂浆打底抹灰	m²	1114.7816
14-80	单块面积 0.06 m² 以内墙砖 砂浆粘贴 墙面	10 m²	111.47816

续表

编码	项目名称	单位	工程量
011407001002	墙面喷刷涂料 外墙 3:涂料外墙 外墙涂料	m²	77.9144
17-210	多彩涂料（两遍）墙柱面 抹灰面	10 m²	7.79144

问 题思考

外墙保温层增加后是否影响建筑面积的计算？

9 零星及其他工程量计算

通过本章的学习,你将能够:
(1)掌握建筑面积、平整场地的工程量计算;
(2)掌握雨篷的工程量计算;
(3)掌握台阶、散水及栏杆的工程量计算。

9.1 建筑面积、平整场地的工程量计算

通过本节的学习,你将能够:
(1)依据定额和清单分析建筑面积、平整场地的工程量计算规则;
(2)定义建筑面积、平整场地的属性及做法套用;
(3)绘制建筑面积、平整场地;
(4)统计建筑面积、平整场地的工程量。

一、任务说明

①完成建筑面积、平整场地的属性定义、做法套用及图元绘制。
②汇总计算,统计首层建筑面积、平整场地的工程量。

二、任务分析

①首层建筑面积中门厅外台阶的建筑面积应如何计算? 工程量表达式作何修改?
②与建筑面积相关的综合脚手架和工程水电费如何套用清单定额?
③平整场地的工程量计算如何定义? 此任务中应选用地下一层还是首层的建筑面积?

三、任务实施

1) 分析图纸

分析建施-04 可知,本层建筑面积分为楼层建筑面积和雨篷建筑面积两部分。平整场地的面积为建筑物首层建筑面积。

2) 清单、定额计算规则学习

(1) 清单计算规则学习

平整场地清单计算规则,见表 9.1。

表 9.1　平整场地清单计算规则

编码	项目名称	单位	计算规则
010101001	平整场地	m²	按设计图示尺寸以建筑物首层建筑面积计算
011701001	综合脚手架	m²	按建筑面积计算

（2）定额计算规则学习

平整场地定额计算规则，见表 9.2。

表 9.2　平整场地定额计算规则

编码	项目名称	单位	计算规则
1-98	平整场地	m²	按设计图示尺寸以建筑物首层建筑面积计算
20-6	综合脚手架檐高在 12 m 以上层高在 5 m 内	m²	按建筑面积计算

3) 属性定义

（1）建筑面积定义

在导航树中选择"其他"→"建筑面积"，在"构件列表"中选择"新建"→"新建建筑面积"，在属性编辑框中输入相应的属性值，如图 9.1、图 9.2 所示。

图 9.1　　　　　　　　　　　　　　图 9.2

（2）平整场地的属性定义

在导航树中选择"其他"→"平整场地"，在"构件列表"中选择"新建"→"新建平整场地"，在属性编辑框中输入相应的属性值，如图 9.3 所示。

图 9.3

4）做法套用

①建筑面积的做法套用，如图 9.4 所示。

	编码	类别	名称	项目特征	单位	工程量表达式	表达式说明	单价	综合单价	措施项目	专业
1	⊟ 011701001001	项	综合脚手架	1.建筑结构形式:框架结构 2.檐口高度:14.73m	m2	MJ	MJ<面积>			☑	建筑工程
2	20-6	定	综合脚手架檐高在12m以上层高在5m以内		m2建筑面积	MJ	MJ<面积>	63.79		☑	土建

图 9.4

②平整场地的做法在建筑面积里套用，如图 9.5 所示。

	编码	类别	名称	项目特征	单位	工程量表达式	表达式说明	单价	综合单价	措施项目	专业
1	⊟ 010101001001	项	平整场地	1.土壤类别:三类土 2.弃土运距:11km 3.取土运距:11km	m2	MJ	MJ<面积>			☐	建筑工程
2	1-98	定	平整场地		m2	WF2MMJ	WF2MMJ<外放2米的面积>	60.13		☐	土建

图 9.5

5）画法讲解

（1）建筑面积绘制

建筑面积属于面式构件，可以点绘制，也可以直线、画弧、画圆、画矩形绘制。注意本工程中飘窗部分不计算建筑面积，转角窗和雨篷部分计算半面积。下面以直线画为例，沿着建筑外墙外边线进行绘制，形成封闭区域，单击鼠标右键即可，如图 9.6 所示。

图 9.6

（2）平整场地绘制

平整场地绘制同建筑面积，平整场地的面积为首层建筑面积，如图 9.7 所示。

图 9.7

四、任务结果

汇总计算,本层建筑面积、平整场地的清单、定额工程量,见表9.3。

表9.3 建筑面积、平整场地的清单、定额工程量

编码	项目名称	单位	工程量
010101001001	平整场地 (1)土壤类别:三类土 (2)弃土运距:1 km (3)取土运距:1 km	m²	629.1831
1-98	平整场地	10 m²	62.91831
011701001001	综合脚手架 (1)建筑结构形式:框架结构 (2)檐口高度:14.73 m	m²	3159.8584
20-6	综合脚手架檐高在 12 m 以上 层高在 5 m 内	1 m² 建筑 面积	3159.8584

五、总结拓展

①平整场地习惯上是计算首层建筑面积,但是地下室建筑面积大于首层建筑面积时,平整场地以地下室为准。

②当一层建筑面积计算规则不一样时,有几个区域就要建立几个建筑面积属性。

问题思考

(1)建筑面积与平整场地属于面式图元,与用直线绘制其他面式图元有什么区别? 需要注意哪些问题?

(2)建筑面积与平整场地绘制图元的范围是一样的,计算结果是否有区别?

(3)工程中转角窗处的建筑面积是否按全面积计算?

9.2 首层雨篷的工程量计算

通过本节的学习,你将能够:

(1)依据定额和清单分析首层雨篷的工程量计算规则;

(2)定义首层雨篷;

（3）绘制首层雨篷；

（4）统计首层雨篷的工程量。

一、任务说明

①完成首层雨篷的属性定义、做法套用及图元绘制。

②汇总计算，统计首层雨篷的工程量。

二、任务分析

首层雨篷是一个室外构件，做法套用分别都是些什么？工程量表达式如何选用？

三、任务实施

1）分析图纸

分析建施-01，雨篷属于玻璃钢雨篷，面层是玻璃钢，底层为钢管网架，属于成品，由厂家直接定做安装。

2）清单、定额计算规则学习

（1）清单计算规则学习

雨篷清单计算规则，见表9.4。

表9.4　雨篷清单计算规则

编码	项目名称	单位	计算规则
010607003	成品雨篷	m/m²	以 m 计量，按设计图示接触边以"m"计算 以 m² 计量，按设计图示尺寸以展开面积计算

（2）定额计算规则（部分）学习

雨篷定额计算规则（部分），见表9.5。

表9.5　雨篷定额计算规则（部分）

编码	项目名称	单位	计算规则
AF0115	成品雨篷安装	m	按设计图示接触边长度以延长米计算

3）雨篷的属性定义

因为该工程的雨篷为成品雨篷，可灵活采用"自定义面"的方式计算雨篷的工程量。在导航树中选择"自定义"→"自定义面"，在"构件列表"中选择"新建"→"新建自定义面"，在属性编辑框中输入相应的属性值，如图9.8所示。

4）做法套用

雨篷的做法套用，如图9.9所示。

5）雨篷绘制

直线绘制雨篷。首先根据图纸尺寸做好辅助轴线，或者用"Shift+左键"的方法绘制雨篷,如图9.10所示。

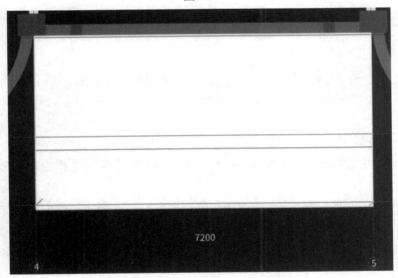

图9.8

图9.9

图9.10

四、任务结果

汇总计算,统计雨篷清单、定额工程量,见表9.6。

表9.6 雨篷清单、定额工程量

编码	项目名称及特征	单位	工程量
010607003001	成品雨篷	m²	27.72
LF0140	雨篷面层安装 玻璃点支式安装	m²	27.72

五、总结拓展

雨篷的形式不一样,所采用的计算方式也不一样。

问题思考

如果采用现浇混凝土雨篷,该如何绘制雨篷?

9.3 台阶、散水、栏杆的工程量计算

通过本节的学习,你将能够:

(1)依据定额和清单分析首层台阶、散水、栏杆的工程量计算规则;

(2)定义台阶、散水、栏杆的属性;

(3)绘制台阶、散水、栏杆;

(4)统计首层台阶、散水、栏杆的工程量。

一、任务说明

①完成首层台阶、散水、栏杆的属性定义、做法套用及图元绘制。

②汇总计算,统计首层台阶、散水、栏杆的工程量。

二、任务分析

①首层台阶的尺寸能够从什么图中什么位置找到?都有哪些工作内容?如何套用清单定额?

②首层散水的尺寸能够从什么图中什么位置找到?都有哪些工作内容?如何套用清单定额?

③首层栏杆的尺寸能够从什么图中什么位置找到?都有哪些工作内容?如何套用清单定额?

三、任务实施

1)分析图纸

分析建施-04,可以从平面图中得到台阶、散水、栏杆的信息,首层台阶、散水、栏杆的截面尺寸如下:

①台阶的踏步宽度为300 mm,踏步个数为3,顶标高为首层层底标高。

②散水的宽度为900 mm,沿建筑物周围布置。

③由平面图可知,阳台栏杆为0.9 m高的不锈钢栏杆。

分析建施-12,可以从散水做法详图和台阶做法详图中得到以下信息:

①台阶做法:a.20 mm 厚花岗岩板铺面;b.素水泥面;c.30 mm 厚 1:4硬性水泥砂浆黏结层;d.素水泥浆一道;e.100 mm 厚 C15 混凝土;f.300 mm 厚 3:7灰土垫层分两步夯实;g.素土夯实。

②散水做法:a.60 mm 厚 C15 细石混凝土面层;b.150 mm 厚 3:7灰土宽出面层 300 mm;c.素土夯实,向外坡4%。散水宽度为 900 mm,沿建筑物周围布置。

2)清单、定额计算规则学习

(1)清单计算规则学习

台阶、散水清单计算规则,见表9.7。

表 9.7　台阶、散水清单计算规则

编码	项目名称	单位	计算规则
010507004	台阶	m²/m³	(1)以 m² 计量,按设计图示尺寸水平投影面积计算 (2)以 m³ 计量,按设计图示尺寸以体积计算
011107001	石材台阶面	m²	按设计图示尺寸以台阶(包括最上层踏步边沿加300 mm)水平投影面积计算
011102003	块料楼地面	m²	按设计图示尺寸以面积计算
010507001	散水、坡道	m²	按设计图示尺寸以水平投影面积计算
011503001	金属扶手、栏杆、栏板	m	按设计图示尺寸以长度计算
011702027	台阶 模板	m²	按模板与现浇混凝土构件的接触面积计算

(2)定额计算规则学习

台阶、散水定额计算规则,见表9.8。

表 9.8　台阶、散水定额计算规则

编码	项目名称	单位	计算规则
6-220	(C20 泵送商品混凝土)台阶	m²	按设计图示尺寸以水平投影面积计算
11-150	水泥砂浆结合层、树脂胶泥勾缝 花岗岩板 600 mm×400 mm×120 mm	10 m²	按设计图示尺寸以面积计算
13-15	找平层 水泥砂浆(厚 20 mm)混凝土或硬基层上	m²	按设计图示尺寸以面积计算
13-17	找平层 水泥砂浆(厚 20 mm)厚度每增(减)5 mm	m²	按设计图示尺寸以面积计算
13-11	垫层(C15 混凝土)不分格	m³	按设计图示尺寸以体积计算
13-1	垫层 灰土 3:7	m³	按设计图示尺寸以体积计算
1-99	原土打底夯实地面	m²	按设计图示尺寸以面积计算

续表

编码	项目名称	单位	计算规则
13-163	混凝土散水	m²	按设计图示尺寸以水平投影面积计算
4-95	基础垫层 3:7灰土	m³	按设计图示尺寸以体积计算
13-149	不锈钢管栏杆 不锈钢管扶手	m	按设计图示尺寸以长度计算
21-82	现浇台阶模板	m²	按模板与现浇混凝土构件的接触面积计算

3）台阶、散水、栏杆的属性定义

（1）台阶的属性定义

在导航树中选择"其他"→"台阶"，在"构件列表"中选择"新建"→"新建台阶"，新建室外台阶，根据建施-12 中台阶的尺寸标注，在属性编辑框中输入相应的属性值，如图 9.11 所示。

（2）散水的属性定义

在导航树中选择"其他"→"散水"，在"构件列表"中选择"新建"→"新建散水"，新建散水，根据散水图纸中的尺寸标注，在属性编辑框中输入相应的属性值，如图 9.12 所示。

	属性名称	属性值
1	名称	TAIJ-1
2	台阶高度(mm)	450
3	踏步高度(mm)	150
4	混凝土强度等级	C15
5	顶标高(m)	层底标高(-0.05)
6	备注	
7	⊞ 钢筋业务属性	
10	⊞ 土建业务属性	
12	⊞ 显示样式	

图 9.11

	属性名称	属性值
1	名称	SS-1
2	厚度(mm)	60
3	材质	预拌混凝土(泵送型)
4	混凝土类型	(粒径31.5砼32.5级坍落度35~50)
5	混凝土强度等级	C15
6	底标高(m)	-0.51
7	备注	

图 9.12

（3）栏杆的属性定义

在导航树中选择"其他"→"栏杆扶手"，在"构件列表"中选择"新建"→"新建栏杆扶手"，新建"900 高不锈钢栏杆护窗扶手"，根据图纸中的尺寸标注，在属性编辑框中输入相应的属性值，如图 9.13 所示。

4）做法套用

①台阶的做法套用，如图 9.14 所示。

②散水的做法套用，如图 9.15 所示。

	属性名称	属性值
1	名称	栏杆扶手
2	材质	金属
3	类别	栏杆扶手
4	扶手截面形状	圆形
5	扶手半径(mm)	25
6	栏杆截面形状	圆形
7	栏杆半径(mm)	25
8	高度(mm)	900
9	间距(mm)	110
10	起点底标高(m)	层底标高(-0.05)
11	终点底标高(m)	层底标高(-0.05)
12	备注	

图 9.13

	类别	名称	项目特征	单位	工程量表达式	表达式说明	单价	综合单价	措施项目	专业
1	项	台阶	1.混凝土种类:商品砼 2.混凝土强度等级:C15	m2	MJ	MJ<台阶整体水平投影面积>			☐	建筑工程
2	定	（C20泵送商品砼）台阶		m2水平投影面积	MJ	MJ<台阶整体水平投影面积>	759.88		☐	土建
3	项	台阶 模板			MJ	MJ<台阶整体水平投影面积>			☑	建筑工程
4	定	现浇台阶模板		m2水平投影面积	MJ	MJ<台阶整体水平投影面积>	274.89		☑	土建
5	项	石材台阶面	1.20厚花岗岩板铺面，正、背面及四周满涂防污剂，稀水泥浆擦缝 2.撒素水泥面（洒适量清水） 3.30厚1:4硬性水泥砂浆粘接层 4.素水泥浆一道（内掺建筑胶） 5.100厚C15混凝土，台阶面向外坡1% 6.300厚3:7灰土垫层分两步夯实 7.素土夯实	m2	TBSPTYMJ	TBSPTYMJ<踏步水平投影面积>			☐	建筑工程
6	定	水泥砂浆结合层、树脂胶泥勾缝 花岗岩板 600*400*120		m2	TBSPTYMJ	TBSPTYMJ<踏步水平投影面积>	4391.84		☐	土建
7	定	找平层 水泥砂浆(厚20mm) 混凝土或硬基层上		m2	TBSPTYMJ	TBSPTYMJ<踏步水平投影面积>	129.84		☐	土建
8	换	找平层 水泥砂浆(厚20mm) 厚度每增(减)5mm 单价*2		m2	TBSPTYMJ	TBSPTYMJ<踏步水平投影面积>	28.29		☐	土建
9	定	垫层（C15砼）不分格		m3	TBSPTYMJ*0.1	TBSPTYMJ<踏步水平投影面积>*0.1	392.93		☐	土建
10	定	垫层 灰土 3:7		m3	TBSPTYMJ*0.3	TBSPTYMJ<踏步水平投影面积>*0.3	194.04		☐	土建
11	定	原土打底夯 地面		m2	TBSPTYMJ	TBSPTYMJ<踏步水平投影面积>	12.01		☐	土建
12	项	块料楼地面（台阶平台）	1.20厚花岗岩板铺面，正、背面及四周满涂防污剂，稀水泥浆擦缝 2.撒素水泥面（洒适量清水） 3.30厚1:4硬性水泥砂浆粘接层 4.素水泥浆一道(内掺建筑胶) 5.100厚C15混凝土，台阶面向外坡1% 6.300厚3:7灰土垫层分两步夯实 7.素土夯实	m2	PTSPTYMJ	PTSPTYMJ<平台水平投影面积>			☐	建筑工程
13	定	水泥砂浆结合层、树脂胶泥勾缝 花岗岩板 600*400*120		m2	PTSPTYMJ	PTSPTYMJ<平台水平投影面积>	4391.84		☐	土建
14	定	找平层 水泥砂浆(厚20mm) 混凝土或硬基层上		m2	PTSPTYMJ	PTSPTYMJ<平台水平投影面积>	129.84		☐	土建
15	换	找平层 水泥砂浆(厚20mm) 厚度每增(减)5mm 单价*2		m2	PTSPTYMJ	PTSPTYMJ<平台水平投影面积>	28.29		☐	土建
16	定	垫层（C15砼）不分格		m3	PTSPTYMJ*0.1	PTSPTYMJ<平台水平投影面积>*0.1	392.93		☐	土建
17	定	垫层 灰土 3:7		m3	PTSPTYMJ*0.3	PTSPTYMJ<平台水平投影面积>*0.3	194.04		☐	土建
18	定	原土打底夯 地面		m2	PTSPTYMJ	PTSPTYMJ<平台水平投影面积>	12.01		☐	土建

图 9.14

	编码	类别	名称	项目特征	单位	工程量表达式	表达式说明	单价	综合单价	措施项目	专业
1	010507001001	项	散水、坡道	1.60厚C15细石混凝土面层，撒1:1水泥沙子压实赶光 2.150厚3:7灰土宽出面层300 3.素土夯实，向外坡4%	m2	MJ	MJ<面积>			☐	建筑工程
2	13-163	定	混凝土散水		m2水平投影面积	MJ	MJ<面积>	618.49		☐	土建
3	4-95	定	基础垫层 3:7灰土		m3	MJ*0.15	MJ<面积>*0.15	196.73		☐	土建
4	1-99	定	原土打底夯 地面		m2	MJ	MJ<面积>	12.01		☐	土建

图 9.15

③栏杆的做法套用,如图 9.16 所示。

	编码	类别	名称	项目特征	单位	工程量表达式	表达式说明	单价	综合单价	措施项目	专业
1	⊟ 011503001001	项	金属扶手、栏杆、栏板	900高不锈钢栏杆	m	CDWWT	CDWWT〈长度(不含弯头)〉			☐	建筑工程
2	13-149	定	不锈钢管栏杆 不锈钢管扶手		m	CDD	CDD〈长度〉	4884.79		☐	土建

图 9.16

5)台阶、散水、栏杆画法讲解

(1)绘制台阶

台阶属于面式构件,因此可以直线绘制、三点画弧,也可以点绘制,这里用直线和三点画弧绘制法。首先作好辅助轴线,然后根据建施-04,选择"直线"和"三点画弧"命令,单击交点形成闭合区域即可绘制台阶轮廓,单击"设置踏步边",用鼠标左键单击下方水平轮廓线,右键弹出"设置踏步边"窗口,输入踏步个数为3,踏步宽度为300 mm,如图 9.17 所示。

图 9.17

(2)智能布置散水

散水同样属于面式构件,因此可以直线绘制也可以点绘制,这里用智能布置比较简单,选择"智能布置"→"外墙外边线",在弹出的对话框中输入"900",单击鼠标右键确定即可,如图 9.18 所示。

图 9.18

（3）直线布置栏杆

栏杆属于线式构件，因此可以直线绘制。依据图纸位置和尺寸，绘制直线，单击鼠标右键确定即可，如图9.19所示。

图 9.19

四、任务结果

汇总计算，首层台阶、散水、栏杆的清单、定额工程量，见表9.9。

表 9.9 首层台阶、散水、栏杆的清单、定额工程量

编码	项目名称	单位	工程量
010507001001	散水、坡道 （1）60 mm 厚 C15 细石混凝土面层，撒 1:1 水泥沙子压实赶光 （2）150 mm 厚 3:7灰土宽处面层 300 mm （3）素土夯实，向外坡4%	m²	98.0894
1-99	原土打底夯实地面	10 m²	9.80894
4-95	基础垫层 3:7灰土	m³	14.7134
13-163	混凝土散水	10 m² 水平投影面积	9.80894
010507004001	台阶 （1）混凝土种类:商品混凝土 （2）混凝土强度等级:C15	m²	11.52

续表

编码	项目名称	单位	工程量
6-220	（C20 泵送商品混凝土）台阶	10m² 水平投 影面积	1.152
011102003003	块料楼地面（台阶平台） （1）20 mm 厚花岗岩板铺面,正、背面及四周满涂防污剂,稀水泥浆擦缝 （2）撒素水泥面（洒适量清水） （3）30 mm 厚 1:4硬性水泥砂浆黏结层 （4）素水泥浆一道（内掺建筑胶） （5）100 mm 厚 C15 混凝土,台阶面向外坡 1% （6）300 mm 厚 3:7灰土垫层分两步夯实 （7）素土夯实	m²	31.1496
1-99	原土打底夯实地面	10 m²	3.11496
11-150	水泥砂浆结合层、树脂胶泥勾缝 花岗岩板 600 mm×400 mm ×120 mm	10 m²	3.11496
13-1	垫层 灰土 3:7	m³	9.3449
13-11	垫层（C15 混凝土）不分格	m³	3.115
13-15	找平层 水泥砂浆（厚 20 mm）混凝土或硬基层上	10 m²	3.11496
13-17 ＊2	找平层 水泥砂浆（厚 20 mm）厚度每增（减）5 mm 单价×2	10 m²	3.11496
011107001001	石材台阶面 （1）20 mm 厚花岗岩板铺面,正、背面及四周满涂防污剂,稀水泥浆擦缝 （2）撒素水泥面（洒适量清水） （3）30 mm 厚 1:4硬性水泥砂浆黏结层 （4）素水泥浆一道（内掺建筑胶） （5）100 mm 厚 C15 混凝土,台阶面向外坡 1% （6）300 mm 厚 3:7灰土垫层分两步夯实 （7）素土夯实	m²	11.52
1-99	原土打底夯实地面	10 m²	1.152
11-150	水泥砂浆结合层、树脂胶泥勾缝 花岗岩板 600 mm× 400 mm×120 mm	10 m²	1.152
13-1	垫层 灰土 3:7	m³	3.456
13-11	垫层（C15 混凝土）不分格	m³	1.152
13-15	找平层 水泥砂浆（厚 20 mm）混凝土或硬基层上	10 m²	1.152
13-17 ＊2	找平层 水泥砂浆（厚 20 mm）厚度每增（减）5mm 单价×2	10 m²	1.152

编码	项目名称	单位	工程量
011503001001	金属扶手、栏杆、栏板 900 mm 高不锈钢栏杆	m	86.8101
13-149	不锈钢管栏杆 不锈钢管扶手	10 m	8.68101

五、总结拓展

①台阶绘制后,还要根据实际图纸设置台阶起始边。

②台阶属性定义只给出台阶的顶标高。

③如果在封闭区域,台阶也可以使用点绘制。

④栏杆还可以采用智能布置的方式绘制。

问题思考

(1)智能布置散水的前提条件是什么?

(2)表 9.9 中散水的工程量是最终工程量吗?

(3)散水与台阶相交时,软件会自动扣减吗?若扣减,谁的级别大?

(4)台阶、散水、栏杆在套用清单与定额时,与主体构件有哪些区别?

10 表格输入

通过本章的学习,你将能够:
(1)通过参数输入法计算钢筋工程量;
(2)通过直接输入法计算钢筋工程量。

10.1 参数输入法计算钢筋工程量

通过本节的学习,你将能够:
掌握参数输入法计算钢筋工程量的方法。

一、任务说明
表格输入中,通过"参数输入",完成所有层楼梯梯板的钢筋量计算。

二、任务分析
以首层一号楼梯为例,参考结施-13 及建施-13,读取梯板的相关信息,如梯板厚度、钢筋信息及楼梯具体位置。

三、任务实施
参考 3.7.2 楼梯梯板钢筋工程量的属性定义和绘制。

四、任务结果
查看报表预览中的构件汇总信息明细表,见表 10.1。

表 10.1　所有楼梯构件钢筋工程量

汇总信息	汇总信息钢筋总质量(kg)	构件名称	构件数量	HRB400
楼层名称:第-1层(表格输入)				132.318
楼梯	132.318	AT1	2	132.318
		合计		132.318

汇总信息	汇总信息钢筋总质量（kg）	构件名称	构件数量	HRB400
楼层名称：首层（表格输入）				132.318
楼梯	132.318	AT1	2	132.318
		合计		132.318
楼层名称：第2层（表格输入）				131.349
楼梯	131.349	BT1	1	69.993
		AT2	1	69.389
		合计		131.349
楼层名称：第3层（表格输入）				138.778
楼梯	138.778	AT2	2	138.778
		合计		138.778

10.2　直接输入法计算钢筋工程量

通过本节的学习，你将能够：
掌握直接输入法计算钢筋工程量的方法。

一、任务说明

根据"顶板配筋结构图"，电梯井右下角所在楼板处有阳角放射筋，本工程以该处的阳角放射筋为例，介绍表格直接输入法。

二、任务分析

表格输入中的直接输入法与参数输入法的新建构件操作方法一致。

三、任务实施

①如图10.1所示，切换到"工程量"选项卡，单击"表格输入"。

②在表格输入中，单击"构件"新建构件，修改名称为"阳角放射筋"，输入构件数量，单击"确定"按钮，如图10.2所示。

③在直接输入的界面"筋号"中输入"放射筋1"，在"直径"中选择相应的直径（如16），选择"钢筋级别"。

④如图10.3所示，选择图号，根据放射筋的形式选择相应的钢筋形式，如选择"两个弯

折",弯钩选择"90°弯折,不带弯钩",选择图号完毕后单击"确定"按钮。

图 10.1

属性名称	属性值
1 构件名称	阳角放射筋
2 构件类型	现浇板
3 构件数量	1
4 预制类型	现浇
5 汇总信息	现浇板
6 备注	
7 构件总重(kg)	0

图 10.2

图 10.3

⑤根据图集 16G101—1 第 112 页中"悬挑板阳角放射筋 Ces 构造",在直接输入的界面中输入"图形"钢筋尺寸,如图 10.4 所示。软件会自动给出计算公式和长度,用户可以在"根数"中输入这种钢筋的根数。

采用同样的方法可以进行其他形状的钢筋输入,并计算钢筋工程量。

筋号	直径(mm)	级别	图号	图形	计算公式	公式描述	长度	根数	搭接	损耗(%)
1 1	10	Φ	64	150 ⌐ 1300 ⌐ 130	1300+150+130		1580	7	0	0
2										

图 10.4

四、任务结果

查看报表预览中的构件汇总信息明细表,见表 10.2。

表 10.2   首层放射筋工程量

汇总信息	汇总信息钢筋总质量(kg)	构件名称	构件数量	HRB400
其他	6.825	放射筋	1	6.825
		合计		6.825

问 题思考

表格输入中的直接输入法适用于哪些构件?

11 汇总计算工程量

通过本章的学习,你将能够:

(1)掌握查看三维的方法;

(2)掌握汇总计算的方法;

(3)掌握查看构件钢筋计算结果的方法;

(4)掌握云检查及云指标查看的方法;

(5)掌握报表结果查看的方法。

11.1 查看三维

通过本节的学习,你将能够:

正确查看工程的三维模型。

一、任务说明

①完成整体构件的绘制并使用三维查看构件。

②检查缺漏的构件。

二、任务分析

三维动态观察可在"显示设置"面板中选择楼层,若要检查整个楼层的构件,选择全部楼层即可。

三、任务实施

①对照图纸完成所有构件的输入之后,可查看整个建筑结构的三维视图。

②在"视图"菜单下选择"显示设置",如图 11.1 所示。

③在"显示设置"的"楼层显示"中选择"全部楼层",如图 11.2 所示。在"图元显示"中设置"显示图元",如图 11.3 所示,可使用"动态观察"旋转角度。

图 11.1

图 11.2

图 11.3

四、任务结果

查看整个结构，如图 11.4 所示。

图 11.4

11.2 汇总计算

通过本节的学习，你将能够：
正确进行汇总计算。

一、任务说明

本节的任务是汇总土建及钢筋工程量。

二、任务分析

钢筋计算结果查看的原则：对水平的构件（如梁），在某一层绘制完毕后，只要支座和钢筋信息输入完成，就可以汇总计算，查看计算结果。但是对于竖向构件（如柱），因为和上下层的柱存在搭接关系，和上下层的梁与板也存在节点之间的关系，所以需要在上下层相关联的构件都绘制完毕后，才能按照构件关系准确计算。

土建计算结果查看的原则：构件与构件之间有相互影响的，需要将有影响的构件都绘制完毕，才能按照构件关系准确计算；构件相对独立，不受其他构件的影响，只要把该构件绘制完毕，即可汇总计算。

三、任务实施

①需要计算工程量时，单击"汇总"选项卡上的"汇总计算"，将弹出如图 11.5 所示的"汇总计算"对话框。

图 11.5

全楼:可以选中当前工程中的所有楼层,在全选状态下再次单击,即可将所选的楼层全部取消选择。

土建计算:计算所选楼层及构件的土建工程量。

钢筋计算:计算所选楼层及构件的钢筋工程量。

表格输入:在表格输入前打"√",表示只汇总表格输入方式下的构件的工程量。

若土建计算、钢筋计算和表格输入前都打"√",则工程中所有的构件都将进行汇总计算。

②选择需要汇总计算的楼层,单击"确定"按钮,软件开始计算并汇总选中楼层构件的相应工程量,计算完毕,弹出如图 11.6 所示对话框,根据所选范围的大小和构件数量的多少,需要不同的计算时间。

图 11.6

11.3 查看构件钢筋计算结果

通过本节的学习，你将能够：
正确查看构件钢筋计算结果。

一、任务说明

本节的任务是查看构件钢筋量。

二、任务分析

对于同类钢筋量的查看，可使用"查看钢筋量"功能，查看单个构件图元钢筋的计算公式，也可使用"编辑钢筋"的功能。在"查看报表"中还可查看所有楼层的钢筋量。

三、任务实施

汇总计算完毕后，可采用以下几种方式查看计算结果和汇总结果。

1) 查看钢筋量

①使用"查看钢筋量"的功能，在"工程量"选项卡中选择"查看钢筋量"，然后选择需要查看钢筋量的图元，可以单击选择一个或多个图元，也可以拉框选择多个图元，此时将弹出如图 11.7 所示的对话框，显示所选图元的钢筋计算结果。

楼层名称	构件名称	钢筋总质量 （kg）	HPB300		HRB400						
			6	合计	10	12	20	22	25	合计
首层	KL6(7)[771]	1684.13	10.622	10.622	264.729	68.162	42.68		1297.937	1673.508
	KL7(3)[793]	673.998	4.52	4.52	102.432	28.842	15.216	194.872	328.116	669.478
	合计：	2358.128	15.142	15.142	367.161	97.004	57.896	194.872	1626.053	2342.986

钢筋总质量（kg）：2358.128

图 11.7

②要查看不同类型构件的钢筋量时，可以使用"批量选择"功能。按"F3"键，或者在"工具"选项卡中选择"批量选择"，选择相应的构件（如选择柱和剪力墙），如图 11.8 所示。

选择"查看钢筋量"，弹出"查看钢筋量"表，表中将列出所有柱和剪力墙的钢筋计算结果（按照级别和钢筋直径列出），同时列出合计钢筋量，如图 11.9 所示。

2) 编辑钢筋

要查看单个图元钢筋的具体计算结果，可以使用"编辑钢筋"功能，下面以首层的剪力墙为例进行介绍。

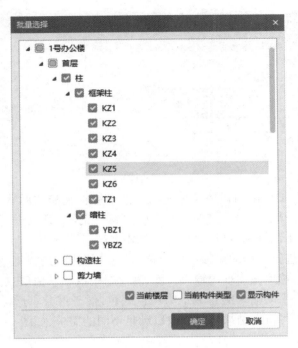

图 11.8

图 11.9

①在"工程量"选项卡中选择"编辑钢筋",再选择剪力墙图元,绘图区下方将显示编辑钢筋列表,如图 11.10 所示。

②"编辑钢筋"列表从上到下依次列出剪力墙的各类钢筋的计算结果,包括钢筋信息（直径、级别、根数等）,以及每根钢筋的图形和计算公式,并且对计算公式进行描述,用户可以清楚地看到计算过程。例如,第一行列出的是墙身水平钢筋,从中可以看到角筋的所有信息。

编辑钢筋

筋号	直径(mm)	级别	图号	图形	计算公式	公式描述	长度	根数	搭接	损耗(%)
墙身水平钢筋.1	12	Φ	64	120 2570 120	2600-15+10*d-15+10*d	净长-保护层+设…	2810	54	0	0
墙身垂直钢筋.1	14	Φ	1	4522	3900+1.2*37*14	墙实际高度+搭接	4522	22	0	0
3 墙身拉筋.1	8	Φ	485	170	(200-2*15)+2*(5*d+1.9*d)		280	32	0	0

单构件钢筋总重(kg): 258.666

图 11.10

使用"编辑钢筋"的功能,可以清楚地显示构件中每根钢筋的形状、长度、计算过程以及其他信息,明确掌握计算的过程。另外,还可以对"编辑钢筋"列表进行编辑和输入,列表中的每个单元格都可以手动修改,可根据自己的需要进行编辑。

还可以在空白行进行钢筋的添加:输入"筋号"为"其他",选择钢筋直径和级别,选择图号来确定钢筋的形状,然后在图形中输入长度、需要的根数和其他信息。软件计算的钢筋结果显示为淡绿色底色,手动输入的行显示为白色底色,便于区分。这样,不仅能够清楚地看到钢筋计算的结果,还可以对结果进行修改以满足不同的需求,如图 11.11 所示。

编辑钢筋

筋号	级别	图号	图形	计算公式	公式描述	长度	根数	搭接	损耗(%)	单重(kg)
墙身水平钢筋.1	Φ	64	120 2570 120	2600-15+10*d-15+10*d	净长-保护层+设…	2810	54	0	0	2.495
2 墙身垂直钢筋.1	Φ	1	4522	3900+1.2*37*14	墙实际高度+搭接	4522	22	0	0	5.472
3 墙身拉筋.1	Φ	485	170	(200-2*15)+2*(5*d+1.9*d)		280	32	0	0	0.111
4 其他	Φ	1	L	0		0	1	0	0	0

单构件钢筋总重(kg): 258.666

图 11.11

【注意】

用户需要对修改后的结果进行锁定,可使用"建模"选项卡下"通用操作"中的"锁定"和"解锁"功能对构件进行锁定和解锁,如图 11.12 所示。如果修改后不进行锁定,那么重新进行汇总计算时,软件会按照属性中的钢筋信息重新计算,手动输入的部分将被其覆盖。

图 11.12

其他种类构件的计算结果显示与此类似,都是按照同样的项目进行排列,列出每种钢筋的计算结果。

3) 钢筋三维

在汇总计算完成后,还可利用"钢筋三维"功能来查看构件的钢筋三维排布。钢筋三维可显示构件钢筋的计算结果,按照钢筋实际的长度和形状在构件中排列和显示,并标注各段的计算长度,供直观查看计算结果和钢筋对量。钢筋三维能够直观真实地反映当前所选择图元的内部钢筋骨架,清楚显示钢筋骨架中每根钢筋与编辑钢筋中的每根钢筋的对应关系,且"钢筋三维"中的数值可修改。钢筋三维和钢筋计算结果还保持对应,相互保持联动,数值修改后,可以实时看到自己修改后的钢筋三维效果。

当前 GTJ 软件中已实现钢筋三维显示的构件,包括柱、暗柱、端柱、剪力墙、梁、板受力筋、板负筋、螺旋板、柱帽、楼层板带、集水坑、柱墩、筏板主筋、筏板负筋、独基、条基、桩承台、基础板带共 18 种 21 类构件。

钢筋三维显示状态应注意以下几点:

①查看当前构件的三维效果:直接用鼠标单击当前构件即可看到钢筋三维显示效果,同时配合绘图区右侧的动态观察等功能,全方位查看当前构件的三维显示效果,如图 11.13 所示。

图 11.13

②钢筋三维和编辑钢筋对应显示。

a.选中三维的某根钢筋线时,在该钢筋线上显示各段的尺寸,同时在"编辑钢筋"表格中对应的行亮显。如果数字为白色字体,则表示此数字可修改;否则,将不能修改。

b.在"编辑钢筋"表格中选中某行时,则钢筋三维中对应的钢筋线将亮显,如图 11.14 所示。

③可以同时查看多个图元的钢筋三维。选择多个图元,然后选择"钢筋三维",即可同时显示多个图元的钢筋三维。

④在执行"钢筋三维"时,软件会根据不同类型的图元,显示一个浮动的"钢筋显示控制面板",如图 11.14 所示梁的钢筋三维,左上角的白框即为"钢筋显示控制面板"。此面板用于设置当前类型的图元中隐藏、显示的钢筋类型。勾选不同选项时,绘图区域会及时更新显示,其中"显示其他图元"可以设置是否显示本层其他类型构件的图元。

图 11.14

11.4 查看土建计算结果

通过本节的学习,你将能够:
正确查看土建计算结果。

一、任务说明

本节的任务是查看构件土建工程量。

二、任务分析

查看构件土建工程量,可使用"工程量"选项卡中的"查看工程量"功能,查看构件土建工程量的计算式,可使用"查看计算式"功能。在"查看报表"中还可查看所有构件的土建工程量。

三、任务实施

汇总计算完毕后,用户可采用以下几种方式查看计算结果和汇总结果。

1)查看工程量

在"工程量"选项卡中选择"查看钢筋量",然后选择需要查看工程量的图元。可以单击选择一个或多个图元,也可以拉框选择多个图元,此时将弹出如图 11.15 所示"查看构件图元工程量"对话框,显示所选图元的工程量结果。

图 11.15

2) 查看计算式

在"工程量"选项卡中选择"查看计算式",然后选择需要查看土建工程量的图元。可以单击选择一个或多个图元,也可以拉框选择多个图元,此时将弹出如图 11.16 所示"查看工程量计算式"对话框,显示所选图元的钢筋计算结果。

图 11.16

11.5 云检查

通过本节的学习,你将能够:
灵活运用云检查功能。

一、任务说明

当完成 CAD 识别或模型定义与绘制工作后,即可进行工程量汇总工作。为了保证算量结果的正确性,可以先对所做的工程进行云检查。

二、任务分析

本节任务是对所做的工程进行检查,从而发现工程中存在的问题,方便进行修正。

三、任务实施

模型定义及绘制完毕后,用户可采用"云检查"功能进行整楼检查、当前楼层检查、自定义检查,得到检查结果后,可以对检查结果进行查看处理。

1)云模型检查

(1)整楼检查

整楼检查是为了保证整楼算量结果的正确性,对整个楼层进行的检查。

单击"建模"选项卡中的"云检查"功能,在弹出的"云模型检查"界面,单击"整楼检查",如图 11.17 所示。

图 11.17

进入检查后,软件自动根据内置的检查规则进行检查,也可根据工程的具体情况自行设置检查规则,以便更合理地检查工程错误。单击"规则设置",根据工程情况作相应的参数调整(图11.18),设置后单击"确定"按钮,再次执行云检查时,软件将按照设置的规则参数进行检查。

图 11.18

（2）当前层检查

工程的单个楼层完成CAD识别或模型绘制工作后,为了保证算量结果的正确性,可对当前楼层进行检查,以便发现当前楼层中存在的错误,便于及时修正。在"云模型检查"界面,单击"当前层检查"即可。

（3）自定义检查

当工程CAD识别或模型绘制完成后,认为工程部分模型信息,如基础层、四层的建模模型可能存在问题,希望有针对性地进行检查,便于在最短的时间内关注最核心的问题,可进行定义检查。在"云模型检查"界面,单击"自定义检查",选择检查的楼层及检查的范围即可。

2)查看处理的检查结果

"整楼检查/当前层检查/自定义检查"之后,在"云检查结果"界面中,可以看到结果列表,如图11.19所示。

软件根据当前检查问题的情况进行了分类,包含确定错误、疑似错误、提醒等。用户可根据当前问题的重要等级分别关注。

（1）忽略

在结果列表中逐一排查工程问题,经排查,某些问题不算作错误,可以忽略,则执行"忽略"操作 ,当前忽略的问题,将在"忽略列表"中显示出来,如图11.20所示。假如没有,则忽略列表错误为空。

（2）定位

对检查结果逐一进行排查时,希望能定位到当前存在问题的图元或详细的错误位置。

此时可以使用"定位"功能。

图 11.19

图 11.20

在"云检查结果"界面中，错误问题支持双击定位，同时可以单击"定位"按钮进行定位，功能位置如图 11.21 所示。

图 11.21

单击"定位"后，软件自动定位到图元的错误位置，且会给出气泡提示，如图 11.22 所示。接下来，可以进一步进行定位，查找问题，进行错误问题修复。

图 11.22

（3）修复

在"结果列表"中逐一排查问题时，发现的工程错误问题需要进行修改，软件内置了一些修复规则，支持快速修复。此时可单击"修复"按钮进行问题修复，如图 11.23 所示。

修复后的问题，在"修复列表"中显现，可在"修复列表"中再次关注已修复的问题。

图 11.23

11.6　云指标

通过本节的学习，你将能够：
正确运用云指标的方法。

一、任务说明

当工程完成汇总计算后，为了确定工程量的合理性，可以查看"云指标"，对比类似工程指标进行判断。

二、任务分析

本节任务是对所作工程进行云指标的查看及对比，从而判断该工程的工程量计算结果是否合理。

三、任务实施

当工程汇总完毕后，用户可以采用"云指标"功能进行工程指标的查看及对比。包含汇总表及钢筋、混凝土、模板、装修等不同维度的 8 张指标表，分别是工程指标汇总表、钢筋-部位楼层指标表、钢筋-构件类型楼层指标表、混凝土-部位楼层指标表、混凝土-构件类型楼层指标表、模板-部位楼层指标表、模板-构件类型楼层指标表、装修-装修指标表、砌体-砌体指标表。

1)云指标的查看

云指标可以通过"工程量"→"云指标"进行查看，也可以通过"云应用"→"云指标"进行查看，如图 11.24 所示。

【注意】

在查看云指标之前，可以对"工程量汇总规则"进行设置，也可以从"工程量汇总规则"表中查看数据的汇总归属设置情况。

（1）工程指标汇总表

工程量计算完成后，希望查看整个建设工程的钢筋、混凝土、模板、装修等指标数据，从而判断该工程的工程量计算结果是否合理。此时，可单击"汇总表"分类下的"工程指标汇总表"，查看"1 m^2 单位建筑面积指标"数据，帮助判断工程量的合理性，如图 11.25 所示。

（2）部位楼层指标表

工程量计算完成后，在查看建筑工程总体指标数据时，发现钢筋、混凝土、模板等指标数据不合理，希望能深入查看地上、地下部分各个楼层的钢筋、混凝土等指标值。此时，可以查看"钢筋/混凝土/模板"分类下的"部位楼层指标表"，进行指标数据分析。

单击"钢筋"分类下"部位楼层指标表"，查看"单位建筑面积指标（kg/m^2）"值，如图 11.26所示。

混凝土、模板查看部位楼层指标数据的方式与钢筋类似，分别位于"混凝土""模板"分类下，表名称相同，均为"部位楼层指标表"。

（3）构件类型楼层指标表

工程量计算完成后，查看建设工程总体指标数据后，发现钢筋、混凝土、模板等指标数据有些不合理，希望能进一步定位到具体不合理的构件类型，如具体确定柱、梁、墙等的哪个构件的指标数据不合理，具体在哪个楼层出现了不合理。此时，可以查看"钢筋/混凝土/模板"

下的"构件类型楼层指标表",从该表数据中可依次查看"单位建筑面积指标(kg/m²)",从而进行详细分析。

图 11.24

图 11.25

单击"钢筋"分类下"构件类型楼层指标表",查看详细数据,如图 11.27 所示。

混凝土、模板查看不同构件类型楼层指标数据的方式与钢筋相同,分别单击"混凝土"

"模板"分类下对应的"构件类型楼层指标表"即可。

图 11.26

图 11.27

（4）单方混凝土标号指标

在查看工程指标数据时，希望能区分不同的混凝土标号并进行对比，由于不同的混凝土强度等级号价格不同，需要区分指标数据并分别进行关注。此时可查看"混凝土"分组的"单方混凝土标号指标表"数据。

单击"选择云端模板"，选中"混凝土"分类下的"单方混凝土标号指标表"，单击"确定并刷新数据"，如图 11.28 所示。

云指标页面的对应表数据，如图 11.29 所示。

图 11.28

图 11.29

（5）装修指标表

在查看"工程指标汇总表"中的装修数据后，发现有些装修量有问题，希望能进一步分析装修指标数据，定位问题出现的具体构件及楼层。此时可查看"装修指标表"的"单位建筑面积指标（m^2/m^2）"数据。

单击"装修"分类下的"装修指标表"，如图 11.30 所示。

图 11.30

（6）砌体指标表

工程量计算完成后，查看完工程总体指标数据后，发现砌体指标数据不合理，希望能深入查看内、外墙各个楼层的砌体指标值。此时可以查看"砌体指标表"中"单位建筑面积指标（m^3/m^2）"数据。

单击"砌体"分类下的"砌体指标表"，如图 11.31 所示。

2）导入指标对比

在查看工程的指标数据时，不能直观地核对出指标数据是否合理，为了更快捷地核对指标数据，需要导入指标数据进行对比，直接查看对比结果。

在"云指标"界面中，单击"导入指标"，如图 11.32 所示。

在弹出的"选择模板"对话框中，选择要对比的模板，如图 11.33 所示。

设置模板中的指标对比值，如图 11.34 所示。

单击"确定"按钮后，可以看到当前工程指标的对比结果，其显示结果如图 11.35 所示。

图 11.31

图 11.32

图 11.33

图 11.34

图 11.35

11.7　云对比

通过本节的学习,你将能够:
正确运用云对比的方法。

一、任务说明

当工程阶段完成或整体完成后汇总计算时,为了确定工程量的准确性,可以通过"云对比"来保证工程的准确性。

二、任务分析

本节任务是对所作完整工程进行云对比,从而判断该工程的工程量计算结果是否合理及准确。

三、任务实施

在完成工程绘制,需要核对工程量的准确性时,学生以老师发的工程答案为准,核对自己绘制的工程出现的问题并找出错误原因,此时可以使用软件提供的"云对比"功能,快速、多维度对比两个工程文件的工程量差异,并分析工程量差异的原因,帮助学生和老师依据图纸对比、分析，消除工程量差异，并快速、精准地确定最终工程量。

1）打开对比软件

可以通过两种方式打开云对比软件：

①打开 GTJ2018 软件，在开始界面左侧的"应用中心"启动云对比功能，如图 11.36 所示。

图 11.36

②打开 GTJ2018 软件，在"云应用"页签下启动云对比功能，如图 11.37 所示。

图 11.37

2）加载对比工程

（1）将工程文件上传至云空间

有两种上传方式：

①进入 GTJ2018，选择"开始截面"。"另存为"，在"另存为"对话框中选择要上传的文件，单击云空间（个人空间或企业空间），再单击"保存"按钮，如图 11.38 所示。

②进入 GTJ2018"开始"界面，选择"造价云管理平台"，单击"上传"→"上传文件"；选择需要上传的文件，如图 11.39 所示。

（2）选择主送审工程

工程文件上传至云空间后，选择云空间中要对比的主审工程（答案工程）和送审工程文件（自己做的工程）。主送审工程满足以下条件：工程版本、土建计算规则、钢筋计算规则、工程楼层范围均需一致；且仅支持 1.0.23.0 版本以后的单区域工程，如图 11.40 所示。

（3）选择对比范围

云对比支持单钢筋对比、单土建对比、土建钢筋对比 3 种模式。

图 11.38

图 11.39

（4）对比计算

加载完主送审工程,选择完对比计算,单击"开始对比",云端开始自动对比两个 GTJ 工程文件差异。

图 11.40

3）差异信息总览

云对比的主要功能如下：

（1）对比主送审双方工程文件

对比内容包括建筑面积、楼层信息和清单定额规则，如图 11.41 所示。

图 11.41

（2）直观查看主送审双方工程设置差异（图 11.42）

图 11.42

①单击右侧工程设置差异项,调整扇形统计图的统计范围。

②单击扇形统计图中的"工程设置差异"项,链接到相应工程设置差异分析详情位置。

(3)直观查看主送审双方工程量差异(图11.43)

①从楼层、构件类型、工程量类别(钢筋、混凝土、模板、土方)等维度,以直方图形式展示工程量差异。

②单击直方图中的"工程量差异"项,链接到相应工程量差异分析详情位置。

图 11.43

(4)直观查看主送审双方工程量差异及原因(图11.44)

量差分析原因包括属性不一致、一方未绘制、绘制差异、平法表格不一致、截面编辑不一致。

图 11.44

审双方模型差异及原因(图11.45)

制差异和一方未绘制。

项,链接到相应模型差异分析详情位置。

图 11.45

4) 工程设置差异(图 11.46)

(1)对比范围

对比范围包括基础设置-工程信息、基础设置-楼层设置、土建设置-计算设置、土建设置-计算规则、钢筋设置-计算设置、钢筋设置-比重设置、钢筋设置-弯钩设置、钢筋设置-弯钩调整值设置、钢筋设置-损耗设置。

(2)主要功能

①以图表的形式,清晰对比两个 GTJ 工程文件全部工程设置的差异。

②单击直方图中的"工程设置差异"项,链接到工程设置差异详情。

图 11.46

(3)查看工程设置差异详情(图 11.47)

图 11.47

5) 工程量差异分析

(1)对比范围

对比范围包括钢筋工程量对比、混凝土工程量对比、模板工程量对比、装修工程量对比和土方工程量对比,如图 11.48 所示。

图 11.48

（2）主要功能

①楼层、构件类型筛选,过滤、排序辅助查找。

②以图表形式直观查看工程量差异。

③以表格形式,按照楼层、构件、图元分层级展开,定位工程量差异来源。

④以图元为单位,确定工程量差异原因,包括属性不一致、绘制差异、一方未绘制、平法表格不一致及截面编辑不一致。

⑤查看图元属性差异。

6) 量差原因分析

（1）分析原因

分析原因包括属性不一致、绘制差异、一方未绘制、平法表格不一致、截面编辑不一致,如图 11.49 所示。

属性名称	主审工程	送审工程
基本信息		
名称	KZ-4	KZ-4
结构类别	框架柱	框架柱
定额类别	普通柱	普通柱
截面宽度(B边)(mm)	500	600
截面高度(H边)(mm)	500	600
截面编辑	详情	详情
全部纵筋		
角筋	4C25	4C25

差异原因
属性不一致　截面编辑不一致

图 11.49

（2）主要功能

①查看属性不一致：工程量差异分析→展开至图元差异→量差原因分析→属性不一致。

②查看绘制差异：模型差异，主送审双方工程存在某些图元，双方绘制不一致；模型对比→模型差异详情→绘制差异。

③查看一方未绘制：模型差异，主送审双方工程存在某些图元，仅一方进行了绘制；模型对比→模型差异详情"一方未绘制"，如图 11.50 所示。

④查看截面编辑不一致。

⑤查看平法表格不一致。

图 11.50　　　　　　　　　　　　　　　　　图 11.51

7）模型对比

①按楼层、构件类型对模型进行筛选，如图 11.51 所示。

②主送审 GTJ 工程模型在 Web 端轻量化展示，其中，紫色图元为一方未绘制，黄色图元为绘制差异，如图 11.52 所示。选择模型差异（紫色、黄色）图元，可以定位查看差异详情，如图11.53所示。

③查看模型差异详情，如图 11.54 所示。

8）导出 Excel

工程设置差异、工程量差异对比结果可以导出 Excel 文件，方便用户进行存档和线下详细分析。操作步骤如下：

①选择"导出报表"，如图 11.55 所示。

图 11.52

图 11.53

图 11.54

图 11.55

②选择导出范围,包括工程设置差异表、钢筋工程量差异表、土建工程量差异表,如图 11.56所示。

③选择文件导出的位置。

④解压缩导出的文件夹。

⑤查看导出结果 Excel 文件,包括工程设置差异、钢筋工程量差异、混凝土工程量差异、模板工程量差异、土方工程量差异、装修工程量差异,如图 11.57 所示。

名称	修改日期	类型	大小
钢筋工程量差异结果.xlsx	2020/3/31 11:16	Microsoft Excel ...	9 KB
钢筋-计算设置-计算规则(差异数: 5).xlsx	2020/3/31 11:16	Microsoft Excel ...	6 KB
钢筋-计算设置-节点设置(差异数: 1).xlsx	2020/3/31 11:16	Microsoft Excel ...	4 KB
混凝土工程量差异结果.xlsx	2020/3/31 11:16	Microsoft Excel ...	9 KB
楼层设置(差异数: 22).xlsx	2020/3/31 11:16	Microsoft Excel ...	30 KB
模板工程量差异结果.xlsx	2020/3/31 11:16	Microsoft Excel ...	9 KB
装修工程量差异结果.xlsx	2020/3/31 11:16	Microsoft Excel ...	28 KB

图 11.56

图 11.57

11.8 报表结果查看

通过本节的学习,你将能够:

正确查看报表结果。

一、任务说明

本节任务是查看工程报表。

二、任务分析

在"查看报表"中还可以查看所有楼层的钢筋工程量及所有楼层构件的土建工程量。

三、任务实施

汇总计算完毕后,用户可以采用"查看报表"功能查看钢筋汇总结果和土建汇总结果。

1)查看钢筋报表

汇总计算整个工程楼层的计算结果后,还需要查看构件的钢筋汇总量时,可通过"查看报表"功能来实现。

①单击"工程量"选项卡中的"查看报表",切换到"报表"界面,如图11.58所示。

图 11.58

②单击"设置报表范围",如图11.59所示对话框进入设置报表范围。

图 11.59

2）查看报表

汇总计算整个工程楼层的计算结果后，还需要查看构件的土建汇总量时，可通过"查看报表"功能来实现。单击"工程量"选项卡中的"查看报表"，选择"土建报表量"即可查看土建工程量。

四、任务结果

所有层构件的钢筋工程量见表 11.1。

表 11.1　钢筋统计汇总表（包含措施筋）

工程名称：1 号办公楼 　　　　　　　　　　　　编制日期：2019-12-24 　　单位：t

构件类型	合计(t)	级别	4	6	8	10	12	14	16	18	20	22	25
柱	0.051	φ			0.051								
	34.587	Φ			10.042	0.053			1.962	8.977	4.805	3.048	5.7
暗柱/端柱	0.012	φ			0.012								
	5.225	Φ				2.313					2.912		
构造柱	0.043	φ		0.043									
	1.702	Φ		0.306			1.396						
剪力墙	1.589	φ	1.589										
	21.57	Φ		0.569	0.058	0.412	8.355	12.176					

构件类型	合计(t)	级别	4	6	8	10	12	14	16	18	20	22	25
砌体墙	3.149	Φ		3.149									
暗梁	3.64	⊕				0.642					2.998		
飘窗	0.261	⊕			0.068	0.193							
过梁	0.581	Φ		0.348		0.233							
过梁	1.201	⊕					0.612	0.379	0.05		0.16		
梁	0.35	Φ		0.36									
梁	59.52	⊕			0.175	8.812	2.096	0.282	0.426		1.254	4.044	42.421
连梁	0.008	Φ		0.008									
连梁	0.696	⊕				0.106	0.162				0.056	0.372	
圈梁	0.118	Φ		0.027			0.091						
圈梁	1.308	⊕		0.269			1.039						
现浇板	2.858	Φ			2.858								
现浇板	35.973	⊕			1.767	22.978	11.228						
板洞加筋	0.014	⊕					0.014						
楼梯	0.131	⊕			0.031	0.032	0.068						
筏板基础	20.824	⊕			0.167		20.657						
独立基础	4.798	⊕					0.052	2.746					
栏板	1.028	⊕		0.005	0.453	0.01	0.56						
压顶	0.168	Φ		0.168									
其他	0.444	⊕			0.092	0.25	0.102						
合计(t)	8.937	Φ	1.589	4.103	2.921	0.233	0.091						
合计(t)	192.924	⊕		1.149	12.853	35.801	48.342	15.593	2.439	8.977	12.185	7.464	48.121

所有层构件的土建工程量见计价部分。

五、总结拓展

在查看报表部分,软件还提供了报表反查、报表分析、土建报表项目特征添加位置、显示费用项、分部整理等特有功能,具体介绍请参照软件内置的"文字帮助"。

12 CAD 识别做工程

通过本章的学习,你将能够:
(1)了解 CAD 识别的基本原理;
(2)了解 CAD 识别的构件范围;
(3)了解 CAD 识别的基本流程;
(4)掌握 CAD 识别的具体操作方法。

12.1 CAD 识别的原理

通过本节的学习,你将能够:
了解 CAD 识别的基本原理。

CAD 识别是软件根据建筑工程制图规则,快速从 AutoCAD 的结果中拾取构件和图元,快速完成工程建模的方法。同使用手工画图的方法一样,需要先识别构件,然后再根据图纸上构件边线与标注的关系,建立构件与图元的联系。

GTJ2018 软件提供了 CAD 识别功能,可以识别 CAD 图纸文件(.dwg),支持 AutoCAD 2015/2013/2011/2010/2008/2007/2006/2005/2004/2000 及 AutoCAD R14 版生成的图形格式文件。

CAD 识别是绘图建模的补充。CAD 识别的效率,一方面取决于图纸的完整程度和标准化程度,如各类构件是否严格按照图层进行区分,各类尺寸或配筋信息是否按照图层进行区分,标准方式是否按照制图标准进行,另一方面取决于对广联达 BIM 土建计量软件的熟练程度。

12.2 CAD 识别的构件范围及流程

通过本节的学习,你将能够:
了解 CAD 识别的构件范围及流程。

1)GTJ2018 软件 CAD 识别的构件范围

①表格类:楼层表、柱表、剪力墙表、连梁表、门窗表、装修表、独基表。

②构件类:轴网,柱、柱大样,梁,墙、门窗、墙洞,板钢筋(受力筋、跨板受力筋、负筋),独立基础,承台,桩,基础梁。

2)CAD 识别做工程的流程

CAD 识别做工程主要通过新建工程→图纸管理→符号转换→识别构件→构件校核的方式,将 CAD 图纸中的线条及文字标注转化成广联达 BIM 土建计量平台中的基本构件图元(如轴网、梁、柱等),从而快速地完成构件的建模操作,提高整体绘图效率。

CAD 识别的大体方法如下:

①首先需要新建工程,导入图纸,识别楼层表,并进行相应的设置。

②与手动绘制相同,需要先识别轴网,再识别其他构件。

③识别构件按照绘图类似的顺序,先识别竖向构件,再识别水平构件。

在进行实际工程的 CAD 识别时,软件的基本操作流程如图 12.1 所示。

图 12.1

软件的识别流程:添加图纸→分割图纸→提取构件→识别构件。

顺序:楼层→轴网→柱→墙→梁→板钢筋→基础。

识别过程与绘制构件类似,先首层再其他层,识别完一层的构件后,通过同样的方法识别其他楼层的构件,或者复制构件到其他楼层,最后汇总计算。

通过以上流程,即可完成 CAD 识别做工程的过程。

3)图纸管理

软件提供了完善的图纸管理功能,能够将原电子图进行有效管理,并随工程统一保存,提高做工程的效率。图纸管理在使用时,其流程如图 12.2 所示。

4)图层管理

针对添加的图纸,可以在图层管理中设置"已提取的 CAD 图层"和"CAD 原始图层"的显示和隐藏。

图 12.2

12.3　CAD 识别实际案例工程

通过本节的学习,你将能够:

掌握 CAD 识别的具体操作方法。

本小节主要讲解通过 CAD 识别,完成案例工程中构件的属性定义、绘制及钢筋信息的录入操作。

12.3.1　建工程、识别楼层

通过本小节的学习,你将能够:

进行楼层的 CAD 识别。

一、任务说明

使用 CAD 识别中"识别楼层表"的功能,完成楼层的建立。

二、任务分析

需提前确定好楼层表所在的图纸。

三、任务实施

①建立工程后,单击"图纸管理"面板,选择"添加图纸",在弹出的"添加图纸"对话框中选择有楼层表的图纸,如"1 号办公楼"结构图,如图 12.3 所示。

②当导入的 CAD 图纸文件中有多个图纸时,需要通过"分割"功能将所需的图纸分割出来,如现将"一三层顶梁配筋图"分割出来。

图 12.3

单击"图纸管理"面板下的"分割"→"手动分割",用鼠标左键拉框选择"一三层顶梁配筋图",单击右键确定,弹出"手动分割"对话框,如图 12.4 所示。

图 12.4

【注意】

　　除了手动分割外,还可以采用自动分割。自动分割能够快速完成图纸分割,操作步骤如下:

　　单击"图纸管理"→"分割"→"自动分割",如图 12.5 所示。

图 12.5

软件会自动根据 CAD 图纸的图名定义图纸名称,也可手动输入图纸名称,单击"确定"即可完成图纸分割,"图纸管理"面板下便会有"一三层顶梁配筋图",如图 12.6 所示。

图 12.6

双击"图纸管理"面板中的"一三层顶梁配筋图",绘图界面就会进入"一三层顶梁配筋图",如图 12.7 所示。

图 12.7

③单击"识别楼层表"功能,如图 12.8 所示。

图 12.8

④用鼠标框选图纸中的楼层表,单击鼠标右键确定,弹出"识别楼层表"对话框,如图 12.9所示。

如果识别的楼层信息有误,可以在"识别楼层表"对话框中进行修改。可以对应识别信息,选择抬头属性,可以删除多余的行或列,或通过插入,增加行和列等。

图 12.9

⑤确定楼层信息无误后,单击"确定"按钮,弹出"楼层表识别完成"提示框。这样就可以通过 CAD 识别将楼层表导入软件中。

楼层设置的其他操作,与前面介绍的"建楼层"相同。

四、任务结果

导入楼层表后,其结果可参考 2.3 节的任务结果。

12.3.2　CAD 识别选项

通过本小节的学习,你将能够:

进行 CAD 识别选项的设置。

一、任务说明

在"CAD 识别选项"中完成柱、墙、门窗洞、梁和板钢筋的设置。

二、任务分析

在识别构件前,先进行"CAD 识别选项"的设置,单击"建模"选项卡,选择"CAD 操作"面板中"CAD 识别选项",如图 12.10 所示。会弹出如图 12.11 所示对话框。

图 12.10

图 12.11

三、任务实施

在"CAD 识别选项"对话框中，可以设置识别过程中的各个构件属性，每一列属性所表示的含义都在对话框左下角进行描述。

"CAD 识别选项"设置的正确与否关系后期识别构件的准确率，需要准确进行设置。

12.3.3　识别轴网

通过本小节的学习，你将能够：

进行轴网的 CAD 识别。

一、任务说明

①完成图纸添加及图纸整理。

②完成轴网的识别。

二、任务分析

首先分析轴网最为完整的图纸，一般选择结施中的柱平面布置图或者建施中的首层平面图，此处以首层平面图为例，进行介绍。

三、任务实施

完成图纸分割后，双击进入"一层平面图"，进行 CAD 轴线识别。

1）选择导航栏构件

将目标构件定位至"轴网"，如图 12.12 所示。

图 12.12

2）提取轴线

①单击"建模"选项卡→"识别轴网"→"提取轴线"，如图 12.13 所示。

图 12.13

②利用"单图元选择""按图层选择"及"按颜色选择"的功能点选或框选需要提取的轴线 CAD 图元，如图 12.14 所示。

图 12.14

"Ctrl+左键"代表按图层选择，"Alt+左键"代表按颜色选择。需要注意的是，不管在框中设置何种选择方式，都可以通过键盘来操作，优先实现同图层或同颜色的图元的选择。

通过"按图层选择"选择所有轴线，被选中的轴线全部变成深蓝色。

③单击鼠标右键确认选择，则选择的 CAD 图元将自动消失，并存放在"已提取的 CAD 图层"中，如图 12.15 所示。这样就完成了轴网的提取工作。

3）提取标注

①单击"提取标注"，按照默认"按图层选择"的方式，点选或框选需要提取的轴网标注

CAD 图元，如图 12.16 所示。

图 12.15

图 12.16

②单击鼠标右键确认选择，则选择的 CAD 图元自动消失，并存放在"已提取的 CAD 图层"。方法与提取轴网的相同。

4）识别轴网

提取轴线及标注后，进行识别轴网的操作。识别轴网有 3 种方法可供选择，如图 12.17 所示。

自动识别轴网：用于自动识别 CAD 图中的轴线。

选择识别轴网：通过手动选择来识别 CAD 图中的轴线。

识别辅助轴线：用于手动识别 CAD 图中的辅助轴线。

本工程采用"自动识别轴网"，快速地识别出了 CAD 图中的轴网，如图 12.18 所示。

图 12.17

图 12.18

识别轴网成功后,同样可利用"轴线"部分的功能对轴网进行编辑和完善。

四、总结拓展

导入 CAD 后,如果图纸比例与实际不符,则需要重新设置比例,在"CAD 操作"面板中单击"设置比例",如图 12.19 所示。

图 12.19

根据提示,利用鼠标选择两点,软件会自动量取两点距离,并弹出如图 12.20 所示"设置比例"对话框。

如果量取的距离与实际不符,可在对话框中输入两点间实际尺寸,单击"确定"按钮,软件即可自动调整比例。

图 12.20

12.3.4　识别柱

通过本小节的学习,你将能够:

进行柱的 CAD 识别。

一、任务说明

用 CAD 识别的方式完成框架柱的属性定义和绘制。

二、任务分析

通过"CAD 识别柱"完成柱的属性定义的方法有两种:识别柱表生成柱构件和识别柱大样生成柱构件。生成柱构件后,通过"建模"选项卡中的"识别柱"功能:提取边线→提取标注→识别,完成柱的绘制。需要用到的图纸是"柱墙结构平面图"。

三、任务实施

分割完图纸后,双击进入"柱墙结构平面图",进行以下操作。

【注意】

当分割的"柱墙结构平面图"位置与前面所识别的轴网位置有出入时,可采用"定位"功能,将图纸定位到轴网正确的位置。单击"定位",选择图纸某一点,比如①轴与Ⓐ轴的交点,将其拖动到前面所识别轴网的①轴与Ⓐ轴交点处。

1)选择导航栏构件

将目标构件定位至"柱",如图 12.21 所示。

| 首层 | 柱 | 柱 | |

图 12.21

2)识别柱表生成柱构件

①单击"建模"选项卡→"识别柱表",软件可以识别普通柱表和广东柱表,遇到有广东柱表的工程,即可采用"识别广东柱表"。本工程为普通柱表,则选择"识别柱表"功能,拉框选择柱表中的数据,如图黄色线框为框选的柱表范围,按鼠标右键确认选择,如图 12.22 所示。

图 12.22

②弹出"识别柱表"对话框,使用窗体上方的"查找替换""删除行"等功能对柱表信息进行调整和修改。如表格中存在不符合的数据,单元格会以"红色"进行显示,方便查找和修改。调整后,如图 12.23 所示。

图 12.23

③确认信息准确无误后单击"识别"按钮即可,软件会根据对话框中调整和修改的柱表信息生成柱构件,如图 12.24 所示。

图 12.24

3)提取柱边线

通过识别柱表定义柱属性后,可以通过柱的绘制功能,参照 CAD 图将柱绘制到图上,也可使用"CAD 识别"提供的快速"识别柱"功能。

①单击"建模"选项卡→"识别柱",如图 12.25 所示。

图 12.25

②单击"提取边线",如图 12.26 所示。

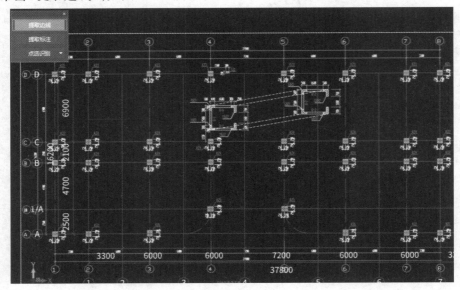

图 12.26

通过"按图层选择"选择所有框架柱边线,被选中的边线变成深蓝色。

单击鼠标右键确认选择,则选择的 CAD 图元将自动消失,并存放在"已提取的 CAD 图层"中,如图 12.27 所示。就完成了柱边线的提取工作,如图 12.28 所示。

属性列表	图层管理	
显示指定图层	隐藏指定图层	
开 / 关	颜色	名称
☑	▷	已提取的 CAD 图层
☐	▷	CAD 原始图层

图 12.27

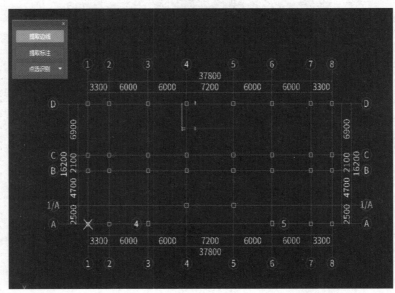

图 12.28

单击"提取标注",采用同样的方法选择所有柱的标志(包括标注及引线),单击鼠标右键确定,即可完成柱标志的提取工作,如图 12.29 所示。

识别柱构件的操作有以下 4 种识别方式,如图 12.30 所示。

图 12.29   图 12.30

a.自动识别。软件将根据所识别的柱表、提取的边线和标注来自动识别整层柱,本工程采用"自动识别"。单击"自动识别",识别完成后,弹出识别柱构件的个数的提示,单击"确定"按钮即可完成柱构件的识别,如图 12.31 所示。

图 12.31

b.框选识别。当你需要识别某一区域的柱时,可使用此功能,根据鼠标框选的范围,软件会自动识别框选范围内的柱。

c.点选识别。即通过鼠标点选的方式逐一识别柱构件。单击"识别柱"→"点选识别"→"点选识别",单击需要识别的柱标志 CAD 图元,则"识别柱"对话框会自动识别柱标注信息,如图 12.32 所示。

识别柱	×
*名称	KZ5
截面(半径)	600*500
全部纵筋	
角筋	4C25
B边一侧中部筋	4C20
H边一侧中部筋	3C20
箍筋	C8@100/200(5*4)
箍筋胶数	5*4
	确定 取消

图 12.32

单击"确定"按钮,在图形中选择符合该柱标志的柱边线和柱标注,再单击鼠标右键确认选择,此时所选柱边线和柱标注被识别为柱构件,如图 12.33 所示。

图 12.33

d.按名称识别。如图纸中有多个 KZ6,通常只会对一个柱进行详细标注(截面尺寸、钢筋信息等),而其他柱只标注柱名称,此时就可以使用"按名称识别柱"进行柱识别操作。

单击绘图工具栏"识别柱"→"点选识别"→"按名称识别",然后单击需要识别的柱标志 CAD 图元,则"识别柱"对话框会自动识别柱标志信息,如图 12.34 所示。

识别柱	×
*名称	KZ6
截面(半径)	500*600
全部纵筋	
角筋	4C25
B边一侧中部筋	3C20
H边一侧中部筋	4C20
箍筋	C8@100/200(4*5)
箍筋胶数	4*5

确定　　取消

图 12.34

单击"确定"按钮,此时满足所选标志的所有柱边线会被自动识别为柱构件,并弹出识别成功的提示,如图 12.35 所示。

图 12.35

四、任务结果

任务结果参考 3.1 节的任务结果。

五、总结拓展

1) 利用"CAD 识别"来识别柱构件

首先需要"添加图纸",通过"识别柱表"或"识别柱大样",先进行柱的定义,再利用"识别柱"的功能生成柱构件。其流程如下:添加图纸→识别柱表(柱大样)→识别柱。

通过以上流程,即可完成柱构件的识别。

2) 识别柱大样生成构件

如果图纸中柱或暗柱采用柱大样的形式来作标记,则可单击"建模"选项卡→"识别柱"→"识别柱大样"的功能,如图 12.36 所示。

图 12.36

①提取柱大样边线及标志。参照前面的方法,单击"提取边线"和"提取标注"功能完成柱大样边线、标志的提取。

②提取钢筋线。单击"提取钢筋线"提取所有柱大样的钢筋线,单击鼠标右键确定,如图 12.37 所示。

③识别柱大样。提取完成后,单击"点选识别",有 3 种识别方式,如图 12.38 所示。

图 12.37

图 12.38

点选识别:通过鼠标选择来识别柱大样。

自动识别:即软件自动识别柱大样。

框选识别:通过框选需要识别的柱大样来识别。

如果单击"点选识别柱大样",状态栏提示点取柱大样的边线,则用鼠标选择柱大样的一根边线,然后软件提示"请点取柱的标注或直接输入柱的属性",则点取对应的柱大样的名称,弹出如图 12.39 所示"点选识别柱大样"对话框。

图 12.39

在此对话框中，可以利用"CAD 底图读取"功能，在 CAD 图中读取柱的信息，对柱的信息进行修改。在"全部纵筋"一行，软件支持"读取"和"追加"的操作。

读取：从 CAD 中读取钢筋信息，对栏中的钢筋信息进行替换。

追加：如遇到纵筋信息分开标注的情况，可通过"追加"将多处标注的钢筋信息进行追加求和处理。

操作完成后，软件通过识别柱大样信息定义柱属性。

④识别柱。在识别柱大样完成之后，软件定义了柱属性，最后还需通过前面介绍的"提取边线""提取标志"和"自动识别"的功能来生成柱构件，这里不再赘述。

3）墙柱共用边线的处理方法

某些剪力墙图纸中，墙线和柱线共用，柱没有封闭的图线，导致直接识别柱时选取不到封闭区域，识别柱不成功。在这种情况下，软件提供两种解决方法。

①使用"框选识别"。使用"提取边线""提取标注"功能完成对柱信息的提取（将墙线提取到柱边线），使用提取柱边线拉框（反选），如图 12.40 所示区域，即可完成识别柱。

②使用"生成柱边线"功能进行处理。提取墙边线后，进入"识别柱"界面，单击"生成柱边线"，按照状态栏提示，在柱内部左键点取一点，或是通过"自动生成柱边线"让软件自动搜索，生成封闭的柱边线，如图 12.41 所示。利用此功能生成柱的边线后，再利用"自动识别"功能识别柱，即可解决墙、柱共用边线的情况。

4）图层管理

在识别构件菜单下，通过"视图"选项卡→"用户面板"→"图层管理"，可进行图层控制的相关操作，如图 12.42 所示。

图 12.40 图 12.41

①在提取过程中,如果需要对 CAD 图层进行管理,单击"图层管理"功能。通过此对话框,即可控制"已提取的 CAD 图层"和"CAD 原始图层"的显示和隐藏,如图 12.43 所示。

图 12.42 图 12.43

②只显示指定图层,可利用此功能将其他图层的图元隐藏。

③隐藏指定图层,将选中的 CAD 图元所在的图层进行隐藏,其他图层显示。

12.3.5 识别梁

通过本小节的学习,你将能够:

进行梁的 CAD 识别。

一、任务说明

用 CAD 识别的方式完成梁的属性定义和绘制。

二、任务分析

在梁的支座柱、剪力墙等识别完成后,进行梁识别的操作。需要用到的图纸是"一三层顶梁配筋图"。

三、任务实施

双击进入"一三层顶梁配筋图",进行以下操作:

1)选择导航栏构件

将目标构件定位至"梁",如图 12.44 所示。

图 12.44

2）识别梁

①单击"建模"选项卡→"识别梁"，如图 12.45 所示。

图 12.45

②单击"提取边线"，完成梁边线额提取，具体操作方法参考"识别柱"功能，如图 12.46 所示。

图 12.46

③单击"提取梁标注"，提取梁标注包含自动提取标注、提取集中标注和提取原位标注 3 个功能。

a."自动提取标注"可一次提取 CAD 图中全部的梁标注，软件会自动区别梁原位标注与集中标注，一般集中标注与原位标注在同一图层时使用。

单击"自动提取标注"，选中图中所有同图层的梁标注，如果集中标注与原位标注在同一图层，就会被选择到，单击鼠标右键确定，如图 12.47 所示，弹出"标注提取完成"的提示。

图 12.47

GTJ2018 在最新版做了优化后,软件会自动区分集中标注和原位标注,弹出"标注提取完成"提示框。

完成提取之后,集中标注以黄色显示,原位标注以粉色显示,如图 12.48 所示。

b.如果集中标注与原位标注分别在两个图层,则采用"提取集中标注"和"提取原位标注"分开提取,方法与自动提取标注类似。

图 12.48

④识别梁有自动识别梁、框选识别梁、点选识别梁 3 种方法。

a.自动识别梁。软件自动根据提起的梁边线和梁集中标注对图中所有梁一次全部识别。

单击识别面板"点选识别梁"的倒三角,在下拉菜单中单击"自动识别梁",软件弹出"识别梁选项"对话框,如图 12.49 所示。

	名称	截面(b*h)	上通长筋	下通长筋	侧面钢筋	箍筋	肢数
1	KL1(1)	250*500	2C25		N2C16	C10@100/200(2)	2
2	KL2(2)	300*500	2C25		G2C12	C10@100/200(2)	2
3	KL3(3)	250*500	2C22		G2C12	C10@100/200(2)	2
4	KL4(1)	300*600	2C22		G2C12	C10@100/200(2)	2
5	KL5(3)	300*500	2C25		G2C12	C10@100/200(2)	2
6	KL6(7)	300*500	2C25		G2C12	C10@100/200(2)	2
7	KL7(3)	300*500	2C25		G2C12	C10@100/200(2)	2
8	KL8(1)	300*600	2C25		G2C12	C10@100/200(2)	2
9	KL9(3)	300*600	2C25		G2C12	C10@100/200(2)	2
10	KL10(3)	300*600	2C25		G2C12	C10@100/200(2)	2
11	KL10a(3)	300*600	2C25		G2C12	C10@100/200(2)	2
12	KL10b(1)	300*600	2C25	2C25	G2C12	C10@100/200(2)	2
13	L1(1)	300*550	2C22		G2C12	C8@200(2)	2
14	LL1(1)	200*1000	4C22	4C22	GC12@200	C10@100(2)	2

请检查并确认得到的梁信息

图 12.49

【说明】

①在"识别梁选项"对话框中可以查看、修改、补充梁集中标注信息,以提高梁识别的准确性。

②识别梁之前,应先完成柱、墙等图元的模型创建,这样识别出来的梁会自动延伸到现有的柱、墙、梁中,计算结果更准确。

单击"继续"按钮,则按照提取的梁边线和梁集中标注信息自动生成梁图元,如图12.50所示。

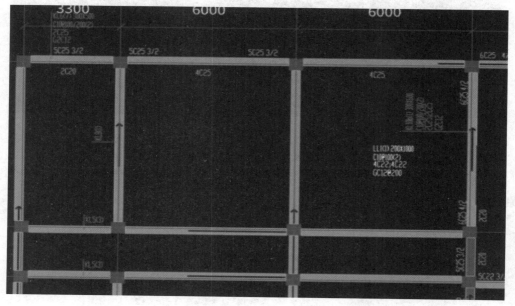

图 12.50

识别梁完成后,软件自动启用"校核梁图元"功能,如识别的梁跨与标注的梁跨数量不符,则弹出提示,并且梁会以红色显示,如图 12.51 所示。此时需要检查并进行修改。

图 12.51

　　b.点选识别梁。"点选识别梁"功能可以通过选择梁边线和梁集中标注的方法进行梁识别操作。

　　单击识别梁面板"点选识别梁",则弹出"点选识别梁"对话框,如图 12.52 所示。

图 12.52

　　单击需要识别的梁集中标注,则"点选识别梁"对话框自动识别梁集中标注信息,如图 12.53 所示。

图 12.53

　　单击"确定"按钮,在图形中选择符合该梁集中标注的梁边线,被选择的梁边线以高亮显示,如图 12.54 所示。

图 12.54

单击鼠标右键确认选择,此时所选梁边线则被识别为梁图元,如图 12.55 所示。

图 12.55

c.框选识别梁。"框选识别梁"可满足分区域识别的需求,对于一张图纸中存在多个楼层平面的情况,可选中当前层识别,也可框选一道梁的部分梁线完成整道梁的识别。

单击识别面板"点选识别梁"的倒三角下拉选择"框选识别梁";状态栏提示:左键拉框选择集中标注。

拉框选择需要识别的梁集中标注,如图 12.56 所示。

图 12.56

单击鼠标右键确定选择,软件弹出"识别梁选项"对话框,单击"继续"按钮,即可完成识别,如图 12.57 所示。

图 12.57

【说明】

①识别梁完成后,与集中标注中跨数一致的梁用粉色显示,与标注不一致的梁用红色显示,方便用户检查,如图 12.58 所示。

图 12.58

②梁识别的准确率与"计算设置"有关。

a.在"钢筋设置"中的"计算设置"→"框架梁"部分,第 3 项如图 12.59 所示。此项设置可修改,并会影响后面的梁识别,注意应准确设置。

| 3 | —— 截面小的框架梁是否以截面大的框架梁为支座 | 是 |

图 12.59

b.在"计算设置"→"非框架梁"部分,第 3、第 4 项如图 12.60 所示。

| 3 | —— 宽高均相等的非框架梁L型、十字相交互为支座 | 否 |
| 4 | —— 截面小的非框架梁是否以截面大的非框架梁为支座 | 是 |

图 12.60

此两项需要根据实际工程情况准确设置。

③梁跨校核。当识别梁完成之后,软件"梁跨校核"功能,进行智能检查。梁跨校核是自动提取梁跨,然后将提取到的跨数与标注中的跨数进行对比,二者不同时弹出提示。

a.软件识别梁之后,会自动对梁图元进行梁跨校核,或单击"校核梁图元"命令,如图 12.61 所示。

图 12.61

b.如存在跨数不符的梁,则会弹出提示,如图 12.62 所示。

图 12.62

c.在"校核梁图元"对话框中,双击梁构件名称,软件可以自动定位到此道梁,如图 12.63 所示。

图 12.63

【注意】
　　梁跨校核只针对有跨信息的梁,手动绘制的没有跨信息的粉色梁不会进行校核。

　　⑤当"校核梁图元"完成后,如果存在梁跨数与集中标注中不符的情况,则可使用"编辑支座"功能进行支座的增加、删除以调整梁跨,如图 12.64 和图 12.65 所示。

图 12.64

图 12.65

"编辑支座"是对以前"设置支座"和"删除支座"两个功能的优化,如要删除支座,直接点取图中支座点的标志即可。如要增加支座,则点取作为支座的图元,单击鼠标右键确定即可,如图 12.66 所示。这样即可完成编辑支座的操作。

图 12.66

【说明】
　①"校核梁图元"与"编辑支座"并配合修改功能(例如打断、延伸、合并等)使用,可以修改和完善梁图元,保证梁图元和跨数正确,然后再识别原位标注。
　②识别梁时,自动启动"校核梁图元"只针对本次生成的梁,要对所有梁进行校核则需要手动启用"校核梁图元"。

　⑥识别梁构件完成后,还应识别原位标注。识别原位标注有自动识别原位标注、框选识别原位标注、点选识别原位标注和单构件识别原位标注 4 个功能。

【说明】
　①所有原位标注识别成功后,其颜色都会变为深蓝色,而未识别成功的原位标注仍保持粉色,以便查找和修改。
　②识别原位标注的 4 个功能可以按照实际工程的特点结合使用,从而提高识别原位标注的准确率。实际工程图纸中,可能存在一些画图不规范或是错误的情况,会导致实际识别并不能完全识别的情况。此时只需找到"粉色"的原位标注进行单独识别,或是直接对梁进行"原位标注"即可。

3) 识别吊筋

所有梁识别完成之后,如果图纸中绘制了吊筋和次梁加筋,则可以使用"识别吊筋"功能,对 CAD 图中的吊筋、次梁加筋进行识别。因本图纸没有绘制吊筋及次梁加筋,所以下述知识进行举例讲解。

"识别吊筋"的操作步骤如下。

①提取钢筋和标注:选中吊筋和次梁加筋的钢筋线及标注(如无标注则不选),单击鼠标右键确定,完成提取。

②识别吊筋:在"提取钢筋和标注"后,通过自动识别、框选识别和点选识别来完成吊筋的识别。

【说明】
　①在 CAD 图中,若存在吊筋和次梁加筋标注,软件会自动提取;若不存在,则需要手动输入。
　②所有的识别吊筋功能都需要主次梁已经变成绿色后,才能识别吊筋和加筋。

③识别后,已经识别的 CAD 图线变为蓝色,未识别的 CAD 图线保持原来的颜色。

④图上有钢筋线的才识别,没有钢筋线的不会自动生成。

⑤与自动生成吊筋一样,重复识别时会覆盖上次识别的内容。

⑥吊筋线和加筋线比较短且乱,必须有误差限制,因此,如果 CAD 图绘制得不规范,则有可能会影响识别率。

四、任务结果

任务结果同 3.3 节的任务结果。

五、总结拓展

1)识别梁的流程

CAD 识别梁可以按照以下基本流程来操作:添加图纸→分割图纸→提取梁边线、标注→识别梁构件→识别梁原位标注→识别吊筋、次梁加筋。

①在识别梁的过程中,软件会对提取标注、识别梁、识别标注、识别吊筋等进行验收的区分。

②CAD 识别梁构件、梁原位标注、吊筋时,因为 CAD 图纸的不规范可能会对识别的准确率造成影响,所以需要结合梁构件的其他功能进行修改完善。

2)定位图纸

"定位"的功能可用于不同图纸之间构件的重新定位。例如,先导入柱图并将柱都识别完成后,这时需要识别梁,然而导入梁图后,就会发现梁图与已经识别的图元不重合,此时就可以使用"定位"功能了。

添加图纸后,单击"定位",在 CAD 图纸上选中定位基准点,再选择定位目标点,快速完成所有图纸中构件的对应位置关系,如图 12.67 所示。

图 12.67

若创建好了轴网,对整个图纸使用"移动"命令也可以实现图纸定位的目的。

12.3.6　识别板及板钢筋

通过本节的学习,你将能够:

进行板及板钢筋的 CAD 识别。

一、任务说明

①完成首层板的识别。

②完成首层板受力筋的识别。

③完成首层板负筋的识别。

二、任务分析

在梁识别完成之后,接着识别板。识别板钢筋之前,需要在图中绘制板。绘制板的方法参见 3.4 节介绍的"现浇板的属性定义和绘制",另外,也可通过下述"识别板"功能的方法将板创建出来。

三、任务实施

双击进入"一三层板配筋图",进行以下操作。

1)识别板

①选择导航栏构件,将目标构件定位至"现浇板",如图 12.68 所示。

图 12.68

②单击"建模"选项卡→"识别板",如图 12.69 所示。

图 12.69

"识别板"有提取板标识、提取板洞线、自动识别板 3 个功能。

a.单击识别面板上"提取板标识",如图 12.70 所示,利用"单图元选择""按图层选择"或"按颜色选择"的功能选中需要提取的 CAD 板标识,选中后变成蓝色。此过程也可以点选或框选需要提取的 CAD 板标识。

图 12.70

按照软件下方的提示,单击鼠标右键确认选择,则选择的标识自动消失,并存放在"已提取的CAD图层"中。

b.单击识别面板上的"提取板洞线",利用"单图元选择""按图层选择"或"按颜色选择"的功能选中需要提取的CAD板洞线,选中后变成蓝色,如图12.71所示。

图12.71

按照软件下方的提示,单击鼠标右键确认选择,则选择的板洞线自动消失,并存放在"已提取的CAD图层"中。

【注意】
　　若板洞图层不对,或板洞较少时,也可跳过该步骤,后期直接补画板洞即可。

c.单击识别面板上的"自动识别板",弹出"识别板选项"对话框,选择板支座的图元范围;单击"确定"按钮进行识别,如图12.72所示。

图12.72

【注意】
　　①识别板前,请确认柱、墙、梁等图元已绘制完成。
　　②通过复选框可以选择板支座的图元范围,从而调整板图元生成的大小。

2）识别板受力筋

①选择导航栏构件，将目标构件定位至"板受力筋"，如图 12.73 所示。

图 12.73

②单击"建模"选项卡→"识别板受力筋"→"识别受力筋"，如图 12.74 所示。

图 12.74

识别受力筋有以下 3 个步骤：提取板筋线→提取板筋标注→识别受力筋（点选识别受力筋或自动识别板筋）。

3）识别板负筋

①选择导航栏构件，将目标构件定位至"板负筋"，如图 12.75 所示。

图 12.75

②单击"建模"选项卡→"识别板负筋"→"识别负筋"，如图 12.76 所示。

图 12.76

识别板负筋有以下 3 个步骤：提取板筋线→提取板标注→识别板负筋（点选识别负筋或自动识别板筋）。

四、任务结果

任务结果同 3.4 节的任务结果。

五、总结扩展

①识别板筋（包含板和筏板基础）的操作流程如下：

添加图纸→分割图纸→定位钢筋构件→提取板钢筋线→提取板钢筋标注→识别板筋。

②板筋识别完毕后，应与图纸进行对比，检查钢筋是否包含支座，如有不一致的情况，需要及时修改。

③跨板受力筋的识别方法与上述方法相同，此处不再赘述。

【注意】

使用"自动识别板筋"之前,需要对"CAD 识别选项"中"板筋"选项进行设置,如图 12.77 所示。

在"自动识别板筋"之后,如果遇到有未识别成功的板筋,可灵活应用识别"点选识别受力筋"和"点选识别负筋"的相关功能进行识别,然后再使用板受力筋和负筋的绘图功能进行修改,这样可以提高对板钢筋建模的效率。

图 12.77

12.3.7　识别砌体墙

通过本小节的学习,你将能够:

进行砌体墙的 CAD 识别。

一、任务说明

用 CAD 识别的方式完成砌体墙的属性定义和绘制。

二、任务分析

本工程首层为框架结构,首层墙为砌体墙,需使用的图纸是含完整砌体墙的"一层建筑平面图"。

三、任务实施

分割完图纸后,双击进入"一层建筑平面图",进行以下操作。

1)选择导航栏构件

将目标构件定位至"砌体墙",如图 12.78 所示。

图 12.78

2)识别砌体墙

在砌体墙构件下,选择"建模"选项卡→"识别砌体墙",如图 12.79 所示。

图 12.79

　　　　　　　　　　识别砌体墙有以下 4 个步骤:提取砌体墙边线→提取墙标识→
提取门窗线→识别砌体墙(自动识别、框选识别和点选识别),如图
12.80 所示。

图 12.80

【注意】

　　①当建筑平面图中无砌体墙时,需要先新建砌体墙,定义好砌体墙属性。

　　②对于砌体墙,用"提取砌体墙边线"功能提取;对于剪力墙,需要在剪力墙构件中
选择"提取混凝土墙边线",这样识别出来的墙才能分开材质类别。

　　③识别墙中的"剪力墙"操作和"砌体墙"操作一样。

四、任务结果

任务结果同 3.5 节的任务结果。

五、知识扩展

　　①"识别墙"可识别剪力墙和砌体墙,因为墙构件存在附属构件,所以在识别时需要注意
此类构件。对墙构件的识别,其流程如下:添加图纸→提取墙线→提取门窗线→识别墙→识
别暗柱(存在时)→识别连梁(存在时)。

　　通过以上流程,即可完成对整个墙构件的识别。

　　②识别暗柱。"识别暗柱"的方法与识别柱相同,可参照"识别柱"部分的内容。

　　③识别连梁表。有些图纸是按 16G101—1 规定的连梁表形式设计的,此时就可以使用
软件提供的"识别连梁表"功能,对 CAD 图纸中的连梁表进行识别。

　　④识别连梁。识别连梁的方法与"识别梁"完全一致,可参照"识别梁"部分的内容。

12.3.8　识别门窗

通过本小节的学习,你将能够:

进行门窗的 CAD 识别。

一、任务说明

通过 CAD 识别门窗表和门窗洞,完成首层门窗的属性定义和绘制。

二、任务分析

在墙、柱等识别完成后,进行识别门窗的操作。通过"添加图纸"功能导入 CAD 图,添加"建筑设计说明"建施-01(含门窗表),完成门窗表的识别;添加"首层平面图",进行门窗洞的识别。

三、任务实施

1)识别门窗表

分割完图纸后,双击进入"建筑设计说明",进行以下操作。

(1)选择导航栏构件

将目标构件定位至"门""窗",如图 12.81 所示。

图 12.81

(2)识别门窗表生成门窗构件

①单击"建模"选项卡→"识别门窗表",拉框选择门窗表中的数据,如图 12.82 所示的黄色线框为框选的门窗范围,单击鼠标右键确认选择。

图 12.82

②在"识别门窗表"对话框中,选择对应行或者列,使用"删除行"或"删除列"功能删除无用的行或列,调整后的表格可参考图 12.83。

名称	备注	宽度	高度	类型	所属楼层
FM甲1021	甲级防火门	1000	2100	门	1号办公楼[-1]
FM乙1121	乙级防火门	1100	2100	门	1号办公楼[-1,1]
M5021	旋转玻璃门	5000	2100	门	1号办公楼[1]
M1021	木质夹板门	1000	2100	门	1号办公楼[-1,1,2,3,4]
C0924	塑钢窗	900	2400	窗	1号办公楼[1,2,3,4]
C1524	塑钢窗	1500	2400	窗	1号办公楼[1,2,3,4]
C1624	塑钢窗	1600	2400	窗	1号办公楼[-1,1,2,3,4]
C1824	塑钢窗	1800	2400	窗	1号办公楼[1,2,3,4]
C2424	塑钢窗	2400	2400	窗	1号办公楼[1,2,3,4]
PC1	飘窗(塑钢...	见平面	2400	窗	1号办公楼[1,2,3,4]
C5027	塑钢窗	5000	2700	窗	1号办公楼[2,3,4]

提示:请在第一行的空白行中单击鼠标从下拉框中选择对应列关系

图 12.83

③单击"识别"按钮,即可完成门窗表的识别,如图 12.84 所示。

图 12.84

2)识别门窗洞

通过识别门窗表完成门窗的属性定义后,再通过识别门窗洞完成门窗的绘制。双击进入"首层平面图"进行以下操作。

(1)选择导航栏构件

将目标构件定位至"门""窗",方法同上。

(2)识别门窗洞,完成门窗洞的绘制

单击"建模"选项卡→"识别门窗洞",如图 12.85 所示。

图 12.85

识别门窗洞有以下 3 个步骤:提取门窗线→提取门窗洞标识(自动识别、框选识别和点选识别)。

四、任务结果

任务结果同 3.6 节的任务结果。

五、总结拓展

①在识别门窗之前一定要确认已经绘制完墙并建立门窗构件,由此可以提高识别率。

②若未创建构件,软件可以对固定格式进行门窗尺寸解析,如 M0921,自动反建900 mm×2100 mm 的门构件。

12.3.9 识别基础

通过本小节的学习,你将能够:

进行基础的 CAD 识别。

一、任务说明

用 CAD 识别的方式完成独立基础的识别。

二、任务分析

软件提供识别独立基础、识别桩承台、识别桩的功能,本工程采用的是独立基础。下面以识别独立基础为例,介绍识别基础的过程。

三、任务实施

双击进入"基础结构平面图",进行以下操作。

1)选择导航栏构件

将目标构件定位至"独立基础",如图 12.86 所示。

图 12.86

2)识别独基表生成独立基础构件

若图纸有"独基表",可按照单击"建模"选项卡→"识别独立基础"→"识别独基表"的流程,完成独立基础的定义,如图 12.87 所示。本工程无"独基表",可按下述方法建立独立基础构件。

图 12.87

3)识别独立基础

单击"建模"选项卡→"识别独立基础"。识别独立基础有以下 3 个步骤:提取独基边线→提取独基标识→识别(自动识别、框选识别和点选识别)。

四、任务结果

任务结果同第 7 章的任务结果。

五、知识扩展

①上面介绍的方法为识别独立基础,在识别完成之后,需要进入独立基础的属性定义界面,对基础的配筋信息等属性进行修改,以保证识别的准确性。

②独立基础还可先定义,再进行 CAD 图的识别。这样识别完成之后,不需要再进行修改属性的操作。

③上述方法仅适用于一阶矩形基础,如图纸为二阶及其以上矩形基础或者坡型基础,应先定义独立基础,然后再进行 CAD 图形的识别。

12.3.10 识别装修

通过本小节的学习,你将能够:

进行装修的 CAD 识别。

一、任务说明

用 CAD 识别的方式完成装修的识别。

二、任务分析

在做实际工程时,CAD 图上通常会有房间做法明细表,表中注明了房间的名称、位置以及房间内各种地面、墙面、踢脚、天棚、吊顶、墙裙的一系列做法名称。例如,在 1 号办公楼图纸中,建筑设计说明中就有"室内装修做法表",如图 12.88 所示。

如果通过识别表的功能能够快速地建立房间及房间内各种细部装修的构件,那么就可以极大地提高绘图效率。

三、任务实施

识别房间装修表有两种方式:按房间识别装修表和按构件识别装修表。

1)按房间识别装修表

图纸中明确了装修构件与房间的关系,这时可以使用"按房间识别装修表"的功能,操作如下:

①在图纸管理界面"添加图纸",添加一张带有装修做法表的图纸。

②在"建模"选项卡中,"识别房间"分栏选择"按房间识别装修表"功能,如图 12.89 所示。

图 12.88

按构件识别装修表
按房间识别装修表

识别房间

图 12.89

③左键拉框选择装修表，单击鼠标右键确认，如图 12.90 所示。

④在"按房间识别装修表"对话框中，在第一行的空白行处单击鼠标左键，从下拉框中选择对应列关系，单击"识别"按钮，如图 12.91 所示。

图 12.90

图 12.91

【说明】

①对于构件类型识别错误的行,可以调整"类型"列中的构件类型。

②可利用表格的一些功能对表格内容进行核对和调整,删除无用的部分。

③需要对应装修表的信息,在第一行的空白行处单击鼠标左键,从下拉框中选择对应列关系,如第一列识别出来的抬头是空,对应第一行,应选择"房间"。

④需要将每种门窗所属楼层进行正确匹配,单击所属楼层下的 符号,进入"所属楼层"对话框,如图 12.92 所示,将所属楼层进行勾选。

图 12.92

调整后的表格如图 12.93 所示。

图 12.93

⑤识别成功后，软件会提示识别到的构件个数，如图 12.94 所示。

图 12.94

【说明】

房间装修表识别成功后，软件会按照图纸上房间与各装修构件的关系自动建立房间并自动依附装修构件，如图 12.95 所示。最后，利用"点"命令，按照建施-04 中房间的名称，选择建立好的房间，在需要布置装修的房间处单击一下，房间中的装修即可自动布置上去。

图 12.95

2)按构件识别装修表(拓展)

本套图纸中没有体现房间与房间内各装修之间的对应关系,在此我们假设装修如图12.96所示。

装修一览表				
类别	名 称	使 用 部 位	做法编号	备 注
地面	水泥砂浆地面	全部	编号1	
楼 面	陶瓷地砖楼面	一层楼面	编号2	
楼 面	陶瓷地砖楼面	二至五层的卫生间、厨房	编号3	
楼 面	水泥砂浆楼面	除卫生间厨房外全部	编号4	水泥砂浆毛面找平

图 12.96

①在图纸管理界面"添加图纸",添加一张带有装修做法表的图纸。

②在"建模"选项卡中"识别房间"分栏选择"按构件识别装修表"功能。

③左键拉框选择装修表,单击鼠标右键确认。

④在按构件"识别装修表"对话框中,在第一行的空白行处单击鼠标左键,从下拉框中选择对应列关系,单击"识别"按钮,如图12.97所示。

⑤识别完成后软件会提示识别到的构件个数,共10个构件。

图 12.97

【说明】

这种情况下需要在识别完装修构件后,再建立房间构件,然后把识别好的装修构件依附到房间里,最后画房间即可。

下篇

建筑工程计价

13 编制招标控制价要求

通过本章的学习,你将能够:

(1)了解工程概况及招标范围;

(2)了解招标控制价的编制依据;

(3)了解造价的编制要求;

(4)掌握工程量清单样表。

1)工程概况及招标范围

①工程概况:本建筑物用地概貌属于平缓场地,为二类多层办公建筑,合理使用年限为50年,抗震设防烈度为7度,结构类型为框架结构体系,总建筑面积为3 155.18 m²,建筑层数为地上4层,地下1层,檐口距地高度为14.850 m。

②工程地点:南京市区。

③招标范围:第一标段结构施工图及第二标段建筑施工图的全部内容。

④本工程计划工期为180天,经计算定额工期210天,合同约定开工日期为2019年5月1日。

⑤建筑类型:公共建筑。

2)招标控制价编制依据

该工程的招标控制价依据《建设工程工程量清单计价规范》(GB 50500—2013)、《江苏省房屋建筑与装饰工程计价定额》(2014)、《江苏省建设工程费用定额》(2014年)营改增后调整内容、南京市市区信息价(2019年4月)以及配套解释和相关文件,结合工程设计及相关资料、施工现场情况、工程特点及合理的施工方法,以及建设工程项目的相关标准、规范、技术资料编制。

3)造价编制要求

(1)价格约定

①除暂估材料及甲供材料外,材料价格按"南京市2019年4月工程造价信息"及市场价计取。

②计税方式按一般计税法,纳税地区为市区,增值税为9%。

③一、二、三类工含税市场价分别为120元/工日、115元/工日、110元/工日。

④安全文明施工费、规费足额计取。

⑤暂列金额为100万元。

⑥幕墙工程(含预埋件)为专业工程暂估价80万元。

(2)其他要求

①原始地貌暂按室外地坪考虑,开挖设计底标高暂按垫层底标高,工作面宽度300 mm,

土方开挖放坡系数为 0.3,外运距离 1 km。

②所有混凝土采用商品混凝土计算。

③旋转玻璃门 M5021 材料单价(含税)按 42 735.04 元/樘计算。

④本工程设计的砂浆都为非现拌砂浆,按干混商品砂浆计算。

⑤不考虑总承包服务费及施工配合费。

4)甲供材料一览表(表 13.1)

表 13.1　甲供材料一览表

序号	名称	单位	含税市场价(元)
1	C15 商品混凝土	m³	440
2	C25 商品混凝土	m³	470
3	C30 商品混凝土	m³	480

5)材料暂估单价表(表 13.2)

表 13.2　材料暂估单价表

序号	名称	规格型号	单位	含税市场价(元)
1	石材块料面板		m²	320
2	墙面砖	200×300	m²	260
3	墙面砖	300×600	m²	280
4	同质地砖		m²	85
5	花岗岩地坪石	600×400×120	m²	390
6	玻璃马赛克		m²	360

6)计日工表(表 13.3)

表 13.3　计日工表

序号	名称	工程量	单位	单价(元)	备注
1	人工				
	木工	10	工日	250	
	瓦工	10	工日	300	
	钢筋工	10	工日	200	
2	材料				
	砂子(中粗)	5	m³	72	
	水泥	5	m³	460	
3	施工机械				
	载重汽车	1	台班	1000	

7）评分办法（表13.4）

表 13.4　评分办法

序号	评标内容	分值范围（分）	说明
1	工程造价	70	不可竞争费单列
2	工程工期	5	招标文件要求工期进行评定
3	工程质量	5	招标文件要求质量进行评定
4	施工组织设计	20	招标工程的施工要求、性质等进行评定

8）报价单（表13.5）

表 13.5　报价单

工程名称	第_____标段_____（项目名称）		
工程控制价			
其中	安全文明施工措施费（万元）		
	税金（万元）		
	规费（万元）		
除不可竞争费外工程造价（万元）			
措施项目费用合计（不含安全文明施工措施费）（万元）			

9）工程量清单样表

工程量清单样表参见《建设工程工程量清单计价规范》（GB 50500—2013），主要包括以下表格（具体内容可在软件报表中查看）。

①封面：封-2。

②总说明：表-01。

③单项工程招标控制价汇总表：表-03。

④单位工程招标控制价汇总表：表-04。

⑤分部分项工程和单价措施项目清单与计价表：表-08。

⑥综合单价分析表：表-09。

⑦总价措施项目清单与计价表：表-11。

⑧其他项目清单与计价汇总表：表-11。

⑨暂列金额明细表：表-12-1。

⑩材料（工程设备）暂估单价及调整表：表-12-2。

⑪专业工程暂估价及结算价表：表-12-3。

⑫计日工表：表-12-4。

⑬总承包服务费计价表：表-12-5。

⑭规费、税金项目计价表：表-13。

⑮主要材料价格表。

14 编制招标控制价

通过本章的学习,你将能够:
(1)掌握招标控制价的编制过程和编制方法;
(2)熟悉招标控制价的组成内容。

14.1 新建招标项目结构

通过本节的学习,你将能够:
(1)建立建设项目;
(2)建立单项工程;
(3)建立单位工程;
(4)按标段多级管理工程项目;
(5)修改工程属性。

一、任务说明
在计价软件中完成招标项目的建立。

二、任务分析
①招标项目的单项工程和单位工程分别是什么?
②单位工程的造价构成是什么? 各构成所包括的内容分别又是什么?

三、任务实施
①新建项目。单击"新建招投标项目",如图14.1所示。

图 14.1

②进入"新建工程",选择"清单计价",并单击"新建招标项目",如图 14.2 所示。

图 14.2

本项目的计价方式:清单计价。

项目名称:1 号办公楼。

项目编码:001。

修改项目信息如图 14.3 所示。修改完成后,单击"下一步"按钮。

图 14.3

③新建单项工程。在"1 号办公楼"单击鼠标右键,如图 14.4 所示。

图 14.4

选择"新建单项工程",修改单项名称为"1 号办公楼",如图 14.5 所示。

图 14.5

单击"确定"按钮,完成"1 号办公楼"工程的新建,如图 14.6 所示。

图 14.6

【注意】

在建设项目下,可以新建单项工程;在单项工程下,可以新建单位工程。

单击"完成"按钮,考虑到算量文件是包含建筑和装饰两部分,因此将单位工程名称改为"建筑+装饰",并完成项目信息及工程信息的相关内容填写,如图 14.7 和图 14.8 所示。

图 14.7

图 14.8

四、任务结果

结果参考图 14.7 和图 14.8。

五、总结拓展

1) 标段结构保护

项目结构建立完成后,为防止误操作而更改项目结构内容,可用鼠标右键单击项目名称,选择"标段结构保护"对项目结构进行保护,如图 14.9 所示。

图 14.9

2) 编辑

①在项目结构中进入单位工程进行编辑时,可直接用鼠标右键双击项目结构中的单位工程名称或者选中需要编辑的单位工程,单击鼠标右键,选择"编辑"即可。

②也可直接用鼠标左键双击"1 号办公楼"及单位工程进入。

14.2 导入 GTJ 算量工程文件

通过本节的学习,你将能够:

(1)导入图形算量文件;

(2)整理清单项;

(3)项目特征描述;

(4)增加、补充清单项。

一、任务说明

①导入图形算量工程文件。

②添加钢筋工程清单和定额,以及相应的钢筋工程量。

③补充其他清单项。

二、任务分析

①图形算量与计价软件的接口在哪里?

②分部分项工程中如何增加钢筋工程量?

三、任务实施

1)导入图形算量文件

①单击"建筑"单位工程,单击"分部分项"→"量价一体化",选择"导入算量文件",如图 14.10 所示,即可选择相应的图形算量文件。

图 14.10

②弹出如图 14.11 所示的"打开文件"对话框,选择算量文件所在的位置,单击"打开"按钮即可。

图 14.11

③检查列是否对应,无误后单击"导入"按钮即可完成算量工程文件的导入,如图 14.12 所示。

图 14.12

2)整理清单

在分部分项界面进行分部分项整理清单项。

①单击"整理清单",选择"分部整理",如图 14.13 所示。

图 14.13

②弹出如图 14.14 所示的"分部整理"对话框,选择按专业、章、节整理后,单击"确定"按钮。

图 14.14

③清单项整理完成后,如图 14.15 所示。

3)项目特征描述

项目特征描述主要有以下 3 种方法:

①图形算量中已包含项目特征描述的,可以在"特征及内容"界面下选择"应用规则到全部清单"即可,如图 14.16 所示。

②选择清单项,可以在"特征及内容"界面进行添加或修改来完善项目特征,如图 14.17 所示。

③直接单击清单项中的"项目特征"对话框,进行修改或添加,如图 14.18 所示。

4)补充清单项

完善分部分项清单,将项目特征补充完整,方法如下:

①单击"插入"按钮,选择"插入清单"和"插入子目",如图 14.19 所示。

②单击鼠标右键,选择"插入清单"和"插入子目",如图 14.20 所示。

图 14.15

图 14.16

	特征	特征值	输出
1	砌块品种、规格、强度等级		☐
2	墙体类型		☐
3	砂浆强度等级		☐

换算信息　特征及内容　工程量明细　反查图形工程量　说明信息

图 14.17

图 14.18

图 14.19

图 14.20

该工程需补充的清单子目如下（仅供参考）：

①增加钢筋清单项，如图 14.21 所示。

	编码	类别	名称	单位	汇总类别	工程量表达式	工程量
B3	⊟ A.5.15		钢筋工程				1
1	⊟ 010515001001	项	现浇构件钢筋	t		17.884	17.884
	5-1	定	现浇砼构件钢筋 直径 φ12mm以内	t		QDL	17.884
2	⊟ 010515001002	项	现浇构件钢筋	t		291.302	291.302
	5-1	定	现浇砼构件钢筋 直径 φ12mm以内	t		QDL	291.302
3	⊟ 010515001003	项	现浇构件钢筋	t		94.602	94.602
	5-2	定	现浇砼构件钢筋 直径 φ25mm以内	t		QDL	94.602
4	⊟ Q001	补项	钢筋接头	每10个		305.2	305.2
	5-33	定	直螺纹接头 φ25以内	10个接头		3052	305.2

图 14.21

②补充雨水配件等清单项，假设有 10 根排水管，如图 14.22 所示。

⊟ 010902004001	项	屋面排水管	1.排水管品种、规格:塑料 (PVC)	m		14.85*10	148.5
10-202	定	PVC水落管屋面排水 φ110		10m		QDL	14.85
10-206	定	PVC水斗屋面排水 φ110		10只		10	1
10-220	定	屋面挑檐铸铁弯头落水口排水 φ100		10只		10	1

图 14.22

四、检查与整理

1）整体检查

①对分部分项的清单与定额的套用做法进行检查,确认是否有误。
②查看整个分部分项中是否有空格,如有,则删除。
③按清单项目特征描述校核套用定额的一致性,并进行修改。
④查看清单工程量与定额工程量的数据的差别是否正确。

2）整体进行分部整理

对于分部整理完成后出现的"补充分部"清单项,可以调整专业章节位置至应该归类的分部。具体操作如下:

①用鼠标右键单击清单项编辑界面,选择"页面显示列设置",在弹出的"页面显示列设置"对话框中勾选"指定专业章节位置",如图 14.23 和图 14.24 所示。

图 14.23

图 14.24

②单击清单项的"指定专业章节位置"，弹出"指定专业章节"对话框，选择相应的分部，调整完后再进行分部整理。

五、单价构成

在对清单项进行相应的补充、调整之后，需要对清单的单价构成进行费率调整。具体操作如下：

①在工具栏中单击"单价构成"→"单价构成"，如图 14.25 所示。

	序号	费用代号	名称	计算基数	基数说明	费率（%）	单价	合价	费用类别
1	1	A	人工费	RGF	人工费		6.15	3869.46	人工费
2	2	B	材料费	CLF+ZCF+SBF	材料费+主材费+设备费		0	0	材料费
3	3	C	机械费	JXF	机械费		0	0	机械费
4	4	D	管理费	A+C	人工费+机械费	26	1.6	1006.69	管理费
5	5	E	利润	A+C	人工费+机械费	12	0.74	465.59	利润
6		F	综合单价	A+B+C+D+E	人工费+材料费+机械费+管理费+利润		8.49	5341.74	工程造价

图 14.25

②根据专业选择对应"管理取费文件"下的对应费率，如图 14.26 所示。

	序号	费用代号	名称	计算基数	基数说明	费率（%）	单价	合价	费用类别
1	1	A	人工费	RGF	人工费		6.15	3869.46	人工费
2	2	B	材料费	CLF+ZCF+SBF	材料费+主材费+设备费		0	0	材料费
3	3	C	机械费	JXF	机械费		0	0	机械费
4	4	D	管理费	A+C	人工费+机械费	26	1.6	1006.69	管理费
5	5	E	利润						
6		F	综合单价						

定额库：江苏省建筑与装饰工程计价定额（2014）

- 增值税／一般计税
  - 计价程序类
    - 建筑工程
    - 单独装饰工程
    - 安装工程
    - 市政工程
    - 仿古建筑及园林绿化工程
    - 房屋修缮工程
    - 城市轨道交通工程
    - 装配式混凝土房屋建筑工程
    - 城市地下综合管廊
  - 措施项目类
    - 省
    - 苏州
    - 常州
- [2018]第24号文件
  - 建筑工程
  - 单独装饰工程
  - 安装工程
  - 市政工程
  - 仿古建筑及园林绿化工程
  - 房屋修缮工程

名称	费率值

图 14.26

六、任务结果

详见报表实例。

14.3　计价中的换算

通过本节的学习,你将能够:

(1)了解清单与定额的套定一致性;

(2)调整人材机系数;

(3)换算混凝土、砂浆强度等级;

(4)补充或修改材料名称。

一、任务说明

根据招标文件所述换算内容,完成对应换算。

二、任务分析

①GTJ 算量与计价软件的接口在哪里?

②分部分项工程中如何换算混凝土、砂浆?

③清单描述与定额子目材料名称不同时,应如何进行修改?

三、任务实施

1)替换子目

根据清单项目特征描述校核套用定额的一致性,如果套用子目不合适,可单击"查询",选择相应子目进行"替换",如图 14.27 所示。

图 14.27

2)子目换算

按清单描述进行子目换算时,主要包括以下 3 个方面的换算。

①调整人材机系数。以"挖一般土方"为例,介绍调整人材机系数的操作方法。定额中说明"用人工修边坡、整平的土方工程量人工×2",如图 14.28 所示。

图 14.28

②换算混凝土、砂浆强度等级时,方法如下:

a.标准换算。选择需要换算混凝土强度等级的定额子目,在"标准换算"界面下选择相应的混凝土强度等级,本项目选用的全部为商品混凝土,如图 14.29 所示。

图 14.29

b.批量系数换算。若清单中的材料进行换算的系数相同时,可选中所有换算内容相同的清单项,单击常用功能中的"其他",选择"批量换算",如图 14.30 所示。在弹出的"批量换算"对话框中对材料进行换算,如图 14.31 所示。

图 14.30

图 14.31

③修改材料名称。若项目特征中要求材料与子目相对应人材机材料不相符时,需要对材料名称进行修改。下面以砖墙为例,介绍人材机中材料名称的修改。

选择需要修改的定额子目,在"工料机显示"界面下的"规格及型号"一栏备注砖的尺寸,如图 14.32 所示。

	4-19		定	(M5混合砂浆)轻骨料砼小型空心砌块墙 厚190 mm		m³		154.7181

工料机显示 | 单价构成 | 标准换算 | 换算信息 | 特征及内容 | 工程量明细 | 反查图形工程量 | 说明信息 | 组价方案

插入　删除　查询　筛选条件 ▾　查询造价信息库

	编码	类别	名称	规格及型号	单位	损耗率	含量	数量	不含税预算价	不含税市场价	含税市场价
1	00010301	人	二类工		工日		1.22	188.75608	82	82	82
2	04135500	材	标准砖	240*115*53	百块	0.12	18.56617	40.8	40.8	41.9993
3	04150720	材	轻骨料混凝土小型空…		m³	0.88	136.15193	252.98	252.98	285.1154
4	04135521	材	多孔砖	190*90*90	百块	0.16	24.7549	42.74	42.74	43.9963
5	⊞ 80050104	浆	混合砂浆 砂浆强度…		m³	0.081	12.53217	181.2	181.2	190.98
10	31150101	材	水		m³	0.08	12.37745	4.57	4.57	4.7
11	⊞ 99050503	机	灰浆搅拌机	拌筒容量2…	台班	0.016	2.47549	120.64	120.64	122.25
18	GLF	管	管理费		元	25.5	3945.31…	1	1	1
19	LR	利	利润		元	12.24	1893.74…	1	1	

图 14.32

四、任务结果

详见报表实例。

五、总结拓展

锁定清单

在所有清单项补充完整之后,可运用"锁定清单"对所有清单项进行锁定,锁定之后的清单项将不能再进行添加和删除等操作。若要进行修改,需先对清单项进行解锁,如图 14.33 所示。

图 14.33

14.4 其他项目清单

通过本节的学习,你将能够:
(1)编制暂列金额;
(2)编制专业工程暂估价;
(3)编制计日工表。

一、任务说明

①根据招标文件所述,编制其他项目清单。
②按本工程招标控制价编制要求,本工程暂列金额为 100 万元(列入建筑工程专业)。
③本工程幕墙(含预埋件)为专业暂估工程,暂估工程价为 80 万元。

二、任务分析

①其他项目清单中哪几项内容不能变动？

②暂估材料价如何调整？计日工是不是综合单价？应如何计算？

三、任务实施

1）添加暂列金额

单击"其他项目"，如图 14.34 所示。

图 14.34

单击"暂列金额"，按招标文件要求暂列金额为 1000000 元，在名称中输入"暂列金额"，在金额中输入"1000000"，如图 14.35 所示。

图 14.35

2）添加专业工程暂估价

选择"其他项目"→"专业工程暂估价"，按招标文件内容，幕墙工程（含预埋件）为专业暂估工程，在工程名称中输入"玻璃幕墙工程"，在金额中输入"800000"，如图 14.36 所示。

图 14.36

3）添加计日工

选择"其他项目"→"计日工费用"，按招标文件要求，需要添加计日工，可单击鼠标右键选择"插入费用行"，如图 14.37 所示。添加完毕如图 14.38 所示。

图 14.37

图 14.38

四、任务结果

详见报表实例。

五、总结拓展

总承包服务费

在工程建设施工阶段实行施工总承包时，当招标人在法律、法规允许的范围内对工程进行分包和自行采购供应部分设备、材料时，要总承包人提供相关服务（如分包人使用总包人脚手架、水电接剥等）和施工现场管理等所需的费用。

14.5 编制措施项目

通过本节的学习，你将能够：

（1）编制安全文明施工措施费；

（2）编制脚手架、模板、大型机械等技术措施项目费。

一、任务说明

根据招标文件所述，编制措施项目：

①参照定额及造价文件计取安全文明施工措施费。

②编制垂直运输、脚手架、大型机械进出场费用。

③提取分部分项模板项目,完成模板费用的编制。

二、任务分析

①措施项目中按项计算与按量计算有什么不同?分别如何调整?

②安全文明施工措施费与其他措施费有什么不同?

三、任务实施

①本工程安全文明施工措施费足额计取,在对应的计算基数和费率一栏中填写即可。

②依据定额计算规则,选择对应的二次搬运费费率和夜间施工增加费费率。本项目不考虑二次搬运、夜间施工及冬雨季施工。

③提取模板项目,正确选择对应模板项目以及需要计算超高的项目。在"措施项目"界面上单击"模"按钮,如图 14.39 所示,将会弹出"提取模板项目"窗口,在窗口中选择"模板类别",如图 14.40 所示。如果与本文一样,将 GTJ 文件导入 GBQ5 中,就可以省略"提取模板项目"的操作。

图 14.39

图 14.40

④完成脚手架的编制,如图 14.41 所示。

序号		类别	名称	费率(%)	汇总类别	工程量表达式	工程量	综合单价	综合合价
	⊟		单价措施						750550.02
16	⊟ 011701001001		综合脚手架			1	1	216403.75	216403.75
	20-6	定	综合脚手架檐高在12m以上层高在5m内			2530.054	2530.054	76.78	194257.55
	20-2	换	综合脚手架檐高在12m以内层高在5m内 地下室的综合脚手架 单价*0.5			629.805	629.805	35.17	22150.24
17	⊟ 011701006001		满堂脚手架			2776.8525	2776.85	19.9	55259.32
	20-20	定	基本层满堂脚手架 高5m以内			QDL	277.685	199.08	55281.53

图 14.41

四、任务结果

详见报表实例。

14.6 调整人材机

通过本节的学习,你将能够:

(1)调整定额工日;

(2)调整材料价格;

(3)增加甲供材料;

(4)添加暂估材料。

一、任务说明

根据招标文件所述导入信息价,按招标要求修正人材机价格:

①按照招标文件规定,计取相应的人工费。

②材料价格按"南京市 2019 年 4 月工程造价信息"及市场价调整。

③根据招标文件,编制甲供材料及暂估材料。

二、任务分析

①有效信息价是如何导入的? 哪些类型的价格需要调整?

②甲供材料价格如何调整?

③暂估材料价格如何调整?

三、任务实施

①在"人材机汇总"界面下,单击"载价-批量载价",选择"信息价 南京 2019 年 4 月",参照招标文件要求的"南京市 2019 年 4 月工程造价信息"对材料"市场价"进行调整,如图 14.42所示。

图 14.42

②按照招标文件的要求,对于甲供材料,在"含税市场价"处修改价格,在"供货方式"处选择"甲供材料",如图 14.43 所示。

	编码	类别	名称	规格	单位	数量	不含税预算价	不含税市场价	含税市场价	不含税市场价合计	含税市场价合计	价差	供货方式
1	80212102	商砼	C15预拌混凝土(泵送)		m3	108.30426	322.52	427.44	440	46293.57	47653.87	104.92	甲供材料
2	80212104	商砼	C25预拌混凝土(泵送)		m3	22.17582	341.95	456.58	470	10125.04	10422.64	114.63	甲供材料
3	80212105	商砼	C30预拌混凝土(泵送)		m3	1068.87425	351.66	466.29	480	498405.37	513059.64	114.63	甲供材料

图 14.43

③按照招标文件要求,对于暂估材料,在"含税市场价"处修改价格,选中"是否暂估"的复选框,如图 14.44 所示。

	编码	类别	名称	规格型号	单位	数量	含税市场价	是否暂估
1	06530100@1	材	玻璃马赛克		m2	155.13774	360	☑
2	06650101@1	材	同质地砖		m2	1800.78634	85	☑
3	06612147	材	墙面砖	300*600	m2	359.17845	280	☑
4	07112130	材	石材块料面板		m2	977.31433	320	☑
5	07112112	材	花岗石地坪石	600*400*120	m2	41.6882	390	☑
6	06612143	材	墙面砖	200*300	m2	1142.65114	260	☑

图 14.44

四、任务结果

详见报表实例。

五、总结拓展

1)市场价锁定

对于招标文件要求的内容,如甲供材料表、暂估材料表中涉及的材料价格是不能进行调整的,为了避免在调整其他材料价格时出现操作失误,可使用"市场价锁定"对修改后的材料价格进行锁定,如图 14.45 所示。

	编码	类别	名称	规格型号	单位	数量	含税市价	是否暂估	市场价锁定
1	06530100@1	材	玻璃马赛克		m2	155.13774	360	☑	☑
2	06650101@1	材	同质地砖		m2	1800.78634	85	☑	☑
3	06612147	材	墙面砖	300*600	m2	359.17845	280	☑	☑
4	07112130	材	石材块料面板		m2	977.31433	320	☑	☑
5	07112112	材	花岗石地坪石	600*400*120	m2	41.6882	390	☑	☑
6	06612143	材	墙面砖	200*300	m2	1142.65114	260	☑	☑

图 14.45

2)显示对应子目

对于"人材机汇总"中出现的材料名称异常或数量异常的情况,可直接用右键单击相应材料,选择"显示对应子目",在分部分项中对材料进行修改,如图 14.46 所示。

	编码	类别	名称	规格型号	单位	数量	
52	07230301	材	不锈钢连接件		套	406.4616	
53	03590715	材	镀锌连接铁件		kg	234.84448	
54	03630703	材	滑轮	d=50mm	个	212	
55	04135521	材	多孔砖	190*90*90	百块	24.7549	
56	12030107	材	油漆溶剂油				
57	12333551	材	PU发泡剂				
58	11592705	材	APP高强嵌缝				
59	08330310	材	中龙骨平面连接件				
60	01510705	材	角铝				
61	11590914	材	硅酮密封胶				
62	04090302	材	黏土				

右键菜单:显示对应子目 / 载入价格文件 / 人材机无价差 / 清除载价信息 / 替换材料 Ctrl+B / 显示对应子目

图 14.46

3)市场价存档

对于同一个项目的多个标段,发包方会要求所有标段的材料价保持一致,在调整好一个标段的材料价后,可运用"存价"将此材料价运用到其他标段,如图 14.47 所示。

图 14.47

在其他标段的"人材机汇总"中使用该市场价文件时,可运用"载价",载入 Excel 市场价文件,如图 14.48 所示。

图 14.48

在导入 Excel 市场价文件时,按如图 14.49 所示的顺序进行操作。

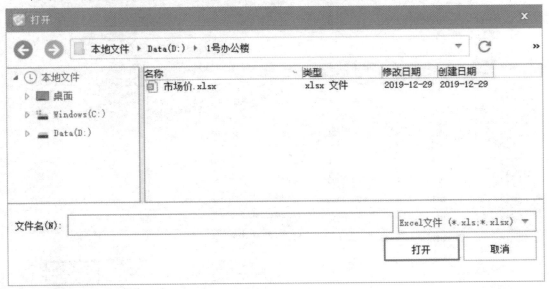

图 14.49

导入 Excel 市场价文件之后,需要先识别材料号、名称、规格、单位、单价等信息,如图14.50所示。

图 14.50

识别完需要的信息后,需要选择匹配选项,然后单击"导入"按钮即可,如图14.51所示。

图 14.51

14.7 计取规费和税金

通过本节的学习,你将能够:

(1)查看费用汇总;

(2)修改报表样式;

(3)调整规费、税金。

一、任务说明

在预览报表状态下对报表格式及相关内容进行调整和修改,根据招标文件所述内容和定额规定计取规费和税金。

二、任务分析

①规费都包含哪些项目?

②税金是如何确定的?

三、任务实施

①在"费用汇总"界面,查看"工程费用构成",如图 14.52 所示。

序号	费用代号	名称	计算基数	基数说明	费率(%)	金额	费用类别
1 ⊞	1	F1	分部分项工程	FBFXHJ	分部分项合计		7,578,278.09	分部分项工程量清单合计
7 ⊞	2	F7	措施项目	CSXMHJ	措施项目合计		1,034,563.06	措施项目清单合计
11 ⊟	3	F11	其他项目	QTXMHJ	其他项目合计		1,811,160.00	其他项目清单合计
12 —	3.1	F12	暂列金额	暂列金额	暂列金额		1,000,000.00	暂列金额
13 —	3.2	F13	其中: 专业工程暂估价	专业工程暂估价	专业工程暂估价		800,000.00	专业工程暂估价
14 —	3.3	F14	其中: 计日工	计日工	计日工		11,160.00	计日工
15 —	3.4	F15	其中: 总承包服务费	总承包服务费	总承包服务费		0.00	总承包服务费
16 ⊟	4	F16	规费	F17 + F18 + F19	社会保险费+住房公积金+环境保护税		399,239.25	规费
17 —	4.1	F17	社会保险费	F1 + F7 + F11 - SBF - JSCS_SBF - SHDLF	分部分项工程+措施项目+其他项目-分部分项设备费-技术措施项目设备费-税后独立费	3.2	333,568.04	社会保障费
18 —	4.2	F18	住房公积金	F1 + F7 + F11 - SBF - JSCS_SBF - SHDLF	分部分项工程+措施项目+其他项目-分部分项设备费-技术措施项目设备费-税后独立费	0.53	55,247.21	住房公积金
19 —	4.3	F19	环境保护税	F1 + F7 + F11 - SBF - JSCS_SBF - SHDLF	分部分项工程+措施项目+其他项目-分部分项设备费-技术措施项目设备费-税后独立费	0.1	10,424.00	环境保护税
20	5	F20	税金	F1 + F7 + F11 + F16 - (JGCLF+JGZCF +JGSBF)/1.01 - SHDLF	分部分项工程+措施项目+其他项目+规费-(甲供材料费+甲供主材费+甲供设备费)/1.01-税后独立费	9 ▾	917,575.22	税金
21	6	F21	工程造价	F1 + F7 + F11 + F16 + F20 - (JGCLF +JGZCF+JGSBF)/1.01	分部分项工程+措施项目+其他项目+规费+税金-(甲供材料费+甲供主材费+甲供设备费)/1.01		11,112,855.48	工程造价

图 14.52

【注意】

费用汇总中可查看规费和税金等,规费和税金的基数和费率可进行调整。

②进入"报表"界面,选择"招标控制价",勾选需要输出的报表,单击鼠标右键选择"报表设计",如图 14.53 所示;或直接单击"报表设计器",进入"报表设计器"界面调整列宽及行距,如图 14.54 所示。

图 14.53

图 14.54

③单击文件，选择"报表设计预览"，如需修改，关闭预览，重新调整。

四、任务结果

详见报表实例。

五、总结拓展

调整规费

如果招标文件对规费有特别要求的，可在规费的费率一栏中进行调整，如图 14.55 所示。本项目没有特别要求的，按软件默认设置即可。

图 14.55

14.8　生成电子招标文件

通过本节的学习,你将能够:

(1)使用"项目自检"功能进行检查并对检查结果进行修改;

(2)运用软件生成招标书。

一、任务说明

根据招标文件所述内容生成招标书。

二、任务分析

①输出招标文件之前有检查要求吗?

②输出的招标文件是什么类型? 如何使用?

三、任务实施

1)项目自检

①在"编制"页签下,单击"项目自检"。

②在"项目自检"对话框中,选择需要检查的项目名称,可以设置检查范围和检查内容,如图 14.56 所示。

图 14.56

③根据生成的"检查结果"对单位工程中的内容进行修改,检查报告如图 14.57 所示。

图 14.57

④还可通过"云检查",判断工程造价计算的合理性,如图 14.58 所示。

图 14.58

2)生成招标书

①在"电子标"页签下,单击"生成招标书",如图 14.59 所示。

图 14.59

②在"导出标书"对话框中,选择导出位置以及需要导出的标书类型,单击"确定"即可,如图 14.60 所示。

图 14.60

四、任务结果

详见报表实例。

五、总结拓展

在生成招标书之前,软件会进行友情提醒:"生成标书之前,最好进行自检",以免出现不必要的错误! 假如未进行项目自检,则可单击"是",进入"项目自检"界面;假如已进行项目自检,则可单击"否",如图 14.61 所示。

图 14.61

15 报表实例

通过本章的学习,你将能够:
熟悉编制招标控制价时需要打印的表格。

一、任务说明

按照招标文件的要求,打印相应的报表,并装订成册。

二、任务分析

①招标文件的内容和格式是如何规定的?
②如何检查打印前的报表是否符合要求?

三、任务实施

①检查报表样式。
②设定需要打印的报表。

四、任务结果

工程量清单招标控制价实例(由于篇幅限制,本书仅提供报表的部分内容,全部内容详见电子版)。

1号办公楼 建筑及装饰　工程

招标控制价

招　标　人：＿＿＿＿＿＿＿＿＿＿＿＿＿＿＿＿
（单位盖章）

造价咨询人：＿＿＿＿＿＿＿＿＿＿＿＿＿＿＿＿
（单位盖章）

年　　月　　日

封-2

1 号办公楼 建筑及装饰 工程

招 标 控 制 价

招标控制价（小写）:11112855.48

（大写）:壹仟壹佰壹拾壹万贰仟捌佰伍拾伍元肆角捌分

招 标 人：_____
（单位盖章）

造价咨询人：_____
（单位资质专用章）

法定代理人
或其授权人：_____
（签字或盖章）

法定代理人
或其授权人：_____
（签字或盖章）

编 制 人：_____
（造价人员签字盖专用章）

复 核 人：_____
（造价工程师签字盖专用章）

编 制 时 间：2019-11-14_____

复 核 时 间：_____

扉-2

单位工程招标控制价汇总表

工程名称:建筑+装饰　　　　　　标段:1号办公楼　　　　　　第 1 页　共 1 页

序号	汇总内容	金额(元)	其中:暂估价(元)
1	分部分项工程	7578278.09	830128.4
1.1	人工费	1774496.98	
1.2	材料费	4924604.95	
1.3	施工机具使用费	148477.22	
1.4	企业管理费	499978.78	
1.5	利润	230741.68	
2	措施项目	1034563.06	
2.1	单价措施项目费	750550.02	
2.2	总价措施项目费	284013.04	
2.2.1	其中:安全文明施工措施费	284013.04	
3	其他项目	1811160	—
3.1	其中:暂列金额	1000000	—
3.2	其中:专业工程暂估价	800000	—
3.3	其中:计日工	11160	—
3.4	其中:总承包服务费		—
4	规费	399239.25	
5	税金	917575.22	—
招标控制价合计＝1+2+3+4+5−甲供材料费_含设备/ 1.01		11112855.48	830128.4

表-04

分部分项工程和单价措施项目清单与计价表

工程名称:建筑+装饰　　　　　　　标段:1号办公楼　　　　　第 1 页　共 18 页

序号	项目编码	项目名称	项目特征描述	计量单位	工程量	金额(元)		
						综合单价	综合合价	其中:暂估价
	A	建筑工程					7578278.09	
	A.1	土石方工程					394879.73	
	A.1.1	土方工程					394879.73	
1	010101001001	平整场地	(1)土壤类别:三类土 (2)弃土运距:1 km (3)取土运距:1 km	m²	629.18	12.13	7631.95	
2	010101002001	挖一般土方	(1)土壤类别:三类土 (2)挖土深度:4.4 m (3)弃土运距:1 km	m³	4225.87	89.94	380074.75	
3	010101004001	挖基坑土方	(1)土壤类别:三类土 (2)挖土深度:0.15 m (3)弃土运距:1 km	m³	10.42	47.08	490.57	
4	010101004002	挖基坑土方	(1)土壤类别:三类土 (2)挖土深度:2 m (3)弃土运距:1 km	m³	61.47	53.13	3265.9	
5	010101004003	挖基坑土方	(1)土壤类别:三类土 (2)挖土深度:0.25 m (3)弃土运距:1 km	m³	72.6	47.06	3416.56	
	A.4	砌筑工程					306001.17	
	A.4.1	砖砌体					12202.14	
6	010401001001	砖基础		m³	1.93	510.8	985.84	
7	010401005001	空心砖墙	(1)砖品种、规格、强度等级:240 mm 厚标准砖 (2)墙体类型:女儿墙 (3)砂浆强度等级、配合比:混合砂浆 M5.0	m³	20.12	557.47	11216.3	
	A.4.2	砌块砌体					293799.03	
			本页小计				407081.87	

注:为计取规费等的使用,可在表中增设"其中:定额人工费"。

表-08

分部分项工程和单价措施项目清单与计价表

工程名称:建筑+装饰　　　　　标段:1 号办公楼　　　　　第 2 页　共 18 页

序号	项目编码	项目名称	项目特征描述	计量单位	工程量	金额(元)		
						综合单价	综合合价	其中:暂估价
8	010402001001	砌块墙	(1)砖品种、规格、强度等级:200 mm 厚轻骨料混凝土小型空心砌块 (2)墙体类型:内墙 (3)砂浆强度等级、配合比:水泥砂浆 M5.0	m³	379.14	531.32	201444.66	
9	010402001002	砌块墙	(1)砖品种、规格、强度等级:250 厚轻骨料混凝土小型空心砌块 (2)墙体类型:外墙 (3)砂浆强度等级、配合比:水泥砂浆 M5.0	m³	175.33	519.95	91162.83	
10	010402001003	砌块墙	(1)砖品种、规格、强度等级:100 mm 厚轻骨料混凝土小型空心砌块 (2)墙体类型:外墙 (3)砂浆强度等级、配合比:水泥砂浆 M5.0	m³	2.18	546.58	1191.54	
	A.5	混凝土及钢筋混凝土工程					3384311.66	
	A.5.1	现浇混凝土基础					270680.79	
11	010501001001	垫层	(1)混凝土种类:商品混凝土 (2)混凝土强度等级:C15	m³	106.7	529.47	56494.45	
12	010501003001	独立基础	(1)混凝土种类:商品混凝土 (2)混凝土强度等级:C30	m³	65.33	671.09	43842.31	
13	010501004001	满堂基础	(1)混凝土种类:商品混凝土 (2)混凝土强度等级:C30	m³	316.76	537.77	170344.03	
			本页小计				564479.82	

注:为计取规费等的使用,可在表中增设"其中:定额人工费"。

表-08

分部分项工程和单价措施项目清单与计价表

工程名称:建筑+装饰　　　　　　　标段:1号办公楼　　　　　　　第 3 页　共 18 页

序号	项目编码	项目名称	项目特征描述	计量单位	工程量	金额(元)		
						综合单价	综合合价	其中:暂估价
	A.5.2	现浇混凝土柱					116799.29	
14	010502001001	矩形柱	(1)混凝土种类:商品混凝土 (2)混凝土强度等级:C30	m³	151.25	631.58	95526.48	
15	010502001002	矩形柱	(1)混凝土种类:商品混凝土 (2)混凝土强度等级:C30	m³	3.49	631.97	2205.58	
16	010502002001	构造柱	(1)混凝土种类:商品混凝土 (2)混凝土强度等级:C25	m³	17.75	1074.21	19067.23	
	A.5.3	现浇混凝土梁					13621.02	
17	010503002001	矩形梁		m³	1.68	597.14	1003.2	
18	010503002002	矩形梁		m³	0.84	597.16	501.61	
19	010503004001	圈梁	(1)混凝土种类:商品混凝土 (2)混凝土强度等级:C25	m³	12.05	662.27	7980.35	
20	010503005001	过梁	(1)混凝土种类:商品混凝土 (2)混凝土强度等级:C25	m³	6.26	660.68	4135.86	
	A.5.4	现浇混凝土墙					111791.95	
21	010504001001	直形墙	(1)混凝土种类:商品混凝土 (2)混凝土强度等级:C30	m³	140.02	586.47	82117.53	
22	010504001002	直形墙	电梯井壁 (1)混凝土种类:商品混凝土 (2)混凝土强度等级:C30	m³	5.65	697.69	3941.95	
23	010504001003	直形墙	电梯井壁(暗柱) (1)混凝土种类:商品混凝土 (2)混凝土强度等级:C30	m³	10.8	709.99	7667.89	
			本页小计				224147.68	

注:为计取规费等的使用,可在表中增设"其中:定额人工费"。

表-08

分部分项工程和单价措施项目清单与计价表

工程名称:建筑+装饰　　　　标段:1号办公楼　　　　第 4 页　共 18 页

序号	项目编码	项目名称	项目特征描述	计量单位	工程量	金额(元)		
						综合单价	综合合价	其中:暂估价
24	010504001004	直形墙	电梯井壁 (1)混凝土种类:商品混凝土 (2)混凝土强度等级:C30	m³	18.89	710.05	13412.84	
25	010504002001	弧形墙	(1)混凝土种类:商品混凝土 (2)混凝土强度等级:C30	m³	7.93	586.6	4651.74	
	A.5.5	现浇混凝土板					332194.83	
26	010505001001	有梁板	(1)混凝土种类:商品混凝土 (2)混凝土强度等级:C30	m³	462.4	587.18	271512.03	
27	010505001002	有梁板	(1)混凝土种类:商品混凝土 (2)混凝土强度等级:C30	m³	103.26	587.67	60682.8	
	A.5.6	现浇混凝土楼梯					10776.54	
28	010506001001	直形楼梯	直形楼梯	m²	16.54	131.59	2176.5	
29	010506001002	直形楼梯		m²	65.33	131.64	8600.04	
	A.5.7	现浇混凝土其他构件					17251.25	
30	010507001001	散水、坡道	(1)60 mm 厚 C15 细石混凝土面层,撒1:1水泥沙子压实赶光 (2)150 mm 厚 3:7灰土宽处面层300 (3)素土夯实,向外坡4%	m²	98.09	147.83	14500.64	
31	010507004001	台阶	(1)混凝土种类:商品混凝土 (2)混凝土强度等级:C15	m²	11.52	105.27	1212.71	
32	010507005001	扶手、压顶	(1)断面尺寸:300 mm×60 mm (2)混凝土种类:商品混凝土 (3)混凝土强度等级:C25	m³	2.18	705.46	1537.9	
			本页小计				378287.2	

注:为计取规费等的使用,可在表中增设"其中:定额人工费"。

表-08

分部分项工程和单价措施项目清单与计价表

工程名称：建筑+装饰　　　　　　　　标段：1号办公楼　　　　　　第 5 页　共 18 页

序号	项目编码	项目名称	项目特征描述	计量单位	工程量	综合单价	综合合价	其中：暂估价
	A.5.15	钢筋工程					2511195.99	
33	010515001001	现浇构件钢筋	钢筋种类、规格：φ12 以内 HRB300	t	17.884	6295.34	112585.86	
34	010515001002	现浇构件钢筋	钢筋种类、规格：φ12 以内 HRB400	t	291.302	6295.34	1833845.13	
35	010515001003	现浇构件钢筋	钢筋种类、规格：φ25 以内 HRB400	t	94.602	5585.51	528400.42	
36	Q001	钢筋接头		每 10 个	305.2	119.15	36364.58	
	A.6	金属结构工程						
	A.6.7	金属制品						
37	010607003001	成品雨篷		m²	27.72			
	A.8	门窗工程					246940.82	
	A.8.1	木门					61273.68	
38	010801001001	木质门	门代号及洞口尺寸：M1021	樘	104	589.17	61273.68	
	A.8.2	金属门					1275.16	
39	010802003001	钢质防火门	FM 甲 1021	樘	2	318.79	637.58	
40	010802003002	钢质防火门	门代号及洞口尺寸：FM 乙 1121	樘	2	318.79	637.58	
	A.8.5	其他门					40748.61	
41	010805002001	旋转门	门代号及洞口尺寸：M5021	樘	1	40748.61	40748.61	
	A.8.7	金属窗					143643.37	
42	010807001001	金属（塑钢、断桥）窗	窗代号及洞口尺寸：C1624	m²	38.4	302.9	11631.36	
43	010807001002	金属（塑钢、断桥）窗	窗代号及洞口尺寸：C0924	m²	34.56	302.9	10468.22	
44	010807001003	金属（塑钢、断桥）窗	窗代号及洞口尺寸：C1524	m²	28.8	302.9	8723.52	
45	010807001004	金属（塑钢、断桥）窗	窗代号及洞口尺寸：C1824	m²	69.12	302.9	20936.45	
46	010807001005	金属（塑钢、断桥）窗	窗代号及洞口尺寸：C2424	m²	69.12	302.9	20936.45	
		本页小计					2687189.44	

注：为计取规费等的使用，可在表中增设"其中：定额人工费"。

表-08

分部分项工程和单价措施项目清单与计价表

工程名称：建筑+装饰　　　　标段：1号办公楼　　　　第 6 页　共 18 页

序号	项目编码	项目名称	项目特征描述	计量单位	工程量	金额（元）		
						综合单价	综合合价	其中：暂估价
47	010807001006	金属（塑钢、断桥）窗	C5027	樘	41	299.2	12267.2	
48	010807001007	金属（塑钢、断桥）窗	窗代号及洞口尺寸：ZJC1	m²	216.54	270.99	58680.17	
49	010807007001	金属（塑钢、断桥）飘（凸）窗	窗代号：PC1	樘	8			
	A.9	屋面及防水工程					174990.39	
	A.9.2	屋面防水及其他					88343.1	
50	010902001001	屋面卷材防水	2.0 mm 厚聚氨脂两遍涂抹防水层，四周卷起 250 mm 高	m²	618.85	78.67	48684.93	
51	010902003001	屋面刚性层	50 mm 厚 C30 细石混凝土，内配筋 A4@200 双向，设分隔缝（钢筋必须断开），缝宽 20 mm，缝内嵌防水油膏	m²	588.26	56.7	33354.34	
52	010902004001	屋面排水管	排水管品种、规格：塑料（PVC）	m	148.5	42.45	6303.83	
	A.9.3	墙面防水、防潮					39871.93	
53	010903002001	墙面涂膜防水	内墙2：瓷砖墙面 1.5 mm 厚聚氨脂涂膜防水（h = 1800 mm）	m²	329.87	89.68	29582.74	
54	010903002002	墙面涂膜防水	内墙2：瓷砖墙面（1）1.5 mm 厚聚氨脂涂膜防水（h = 1800 mm）（2）15 mm 厚 1：3：9 水泥石灰砂浆打底	m²	84.31	122.04	10289.19	
	A.9.4	楼（地）面防水、防潮					46775.36	
55	010904001001	楼（地）面卷材防水	4 mm 厚 SBS 改性沥青防水卷材	m²	746.22	48.62	36281.22	
56	010904002001	楼（地）面涂膜防水	1.5 mm 厚聚氨脂两遍涂抹防水层 四周卷起 300 mm 高	m²	34.66	78.68	2727.05	
		本页小计					238170.67	

注：为计取规费等的使用，可在表中增设"其中：定额人工费"。

表-08

分部分项工程和单价措施项目清单与计价表

工程名称：建筑+装饰　　　　　　　标段：1号办公楼　　　　　　第 7 页　共 18 页

序号	项目编码	项目名称	项目特征描述	计量单位	工程量	综合单价	综合合价	其中：暂估价
57	010904002002	楼（地）面涂膜防水		m²	98.73	78.67	7767.09	
	A.10	保温、隔热、防腐工程					247928.56	
	A.10.1	保温、隔热					244563.71	
58	011001001001	保温隔热屋面	（1）30 mm 厚复合材料保温板（A 级）（2）20 mm 厚 1:3 水泥砂浆找平层	m²	588.26	247.01	145306.1	
59	011001003001	保温隔热墙面	外墙1：面砖外墙 25 mm 厚保温聚苯乙烯挤塑板	m²	1114.78	79.39	88502.38	
60	011001003002	保温隔热墙面	外墙2：干挂大理石外墙 25 mm 厚保温聚苯乙烯挤塑板 6 mm 厚抗裂砂浆保护层	m²	98.41	109.29	10755.23	
	A.10.3	其他防腐					3364.85	
61	011003001001	隔离层	10 mm 厚 1:3 石灰砂浆隔离层	m²	588.26	5.72	3364.85	
	A.11	楼地面装饰工程					779715.72	
	A.11.1	整体面层及找平层					30849.02	
62	011101001001	水泥砂浆楼地面	地面4：水泥地面 20 mm 厚 1:3 水泥砂浆抹面压实赶光 素水泥浆一道（内掺建筑胶）地下室 P8 抗渗钢筋混凝土自防水底板，底板顶部找坡，详结施 100 mm 厚 C15 混凝土垫层	m²	19.32	94.11	1818.21	
			本页小计				257513.86	

注：为计取规费等的使用，可在表中增设"其中：定额人工费"。

表-08

336

分部分项工程和单价措施项目清单与计价表

工程名称:建筑+装饰　　　　　　　　标段:1号办公楼　　　　　　第 8 页　共 18 页

序号	项目编码	项目名称	项目特征描述	计量单位	工程量	金额(元)		
						综合单价	综合合价	其中:暂估价
63	011101001002	水泥砂浆楼地面	楼面4:水泥楼面 20 mm 厚 1:3 水泥砂浆压实赶光 30 mm 厚细石混凝土 钢筋混凝土楼板	m²	259.25	51.94	13465.45	
64	011101006001	平面砂浆找平层	20 mm 厚 1:3 水泥砂浆找平层	m²	588.26	26.46	15565.36	
	A.11.2	块料面层					653484.62	
65	011102001001	石材楼地面	地面1:大理石地面 20 mm 厚大理石板,稀水泥擦缝 撒素水泥面(洒适量清水) 地下室 P8 抗渗钢筋混凝土自防水底板 100 mm 厚 C15 混凝土垫层	m²	327.29	440.27	144095.97	95279.91
66	011102001002	石材楼地面	楼面3:大理石楼面 20 mm 厚光面大理石 5 mm 厚 1:1 水泥细砂浆结合层 20 mm 厚 1:3 水泥砂浆找平层 钢筋混凝土楼板随捣随抹	m²	460.33	392.63	180739.37	133787.77
67	011102003001	块料楼地面	地面2:防滑地砖地面 10 mm 厚防滑地砖,干水泥擦缝 撒素水泥面(洒适量清水) 地下室 P8 抗渗钢筋混凝土自防水底板 100 mm 厚 C15 混凝土垫层	m²	83.25	215.58	17947.04	6441.72
			本页小计				371813.19	235509.4

注:为计取规费等的使用,可在表中增设"其中:定额人工费"。

表-08

分部分项工程和单价措施项目清单与计价表

工程名称：建筑+装饰 　　　　　标段：1号办公楼 　　　　　

序号	项目编码	项目名称	项目特征描述	计量单位	工程量	金额（元）		
						综合单价	综合合价	其中：暂估价
68	011102003002	块料楼地面	地面3：地砖地面 10 mm 厚地砖，建筑胶黏剂粘铺，稀水泥浆碱擦缝 干硬性水泥砂浆黏结层 素水泥结合层一道 地下室 P8 抗渗钢筋混凝土自防水底板 100 mm 厚 C15 混凝土垫层	m²	116.09	219.4	25470.15	8965.73
69	011102003003	块料楼地面	楼面1：地砖楼面 （1）10 mm 厚地砖，白水泥擦缝（规格、尺寸、色彩另定） （2）5 mm 厚 1∶1水泥细砂浆结合层 （3）20 mm 厚 1∶3水泥砂浆找坡找平 钢筋混凝土楼板	m²	1293.5	168.38	217799.53	99937.84
70	011102003004	块料楼地面（台阶平台）	（1）20 mm 厚花岗岩板铺面，正、背面及四周满涂防污剂，稀水泥浆擦缝 （2）撒素水泥面（洒适量清水） （3）30 mm 厚 1∶4硬性水泥砂浆黏结层 （4）素水泥浆一道（内掺建筑胶） （5）100 mm 厚 C15 混凝土，台阶面向外坡1% （6）300 mm 厚 3∶7灰土垫层分两步夯实 （7）素土夯实	m²	31.15	731.85	22797.13	10531.09
			本页小计				266066.81	119434.66

注：为计取规费等的使用，可在表中增设"其中：定额人工费"。

表-08

分部分项工程和单价措施项目清单与计价表

工程名称:建筑+装饰　　　　　标段:1号办公楼　　　　　

序号	项目编码	项目名称	项目特征描述	计量单位	工程量	金额(元)		
						综合单价	综合合价	其中:暂估价
71	011102003005	块料楼地面	楼面 2:防滑地砖楼面 (1)10 mm 厚防滑地砖,白水泥擦缝(规格、尺寸、色彩另定) (2)5 mm 厚 1:1水泥细砂浆结合层 (3)20 mm 厚 1:3水泥砂浆找坡找平 (4)1.5 mm 厚聚氨脂两遍涂抹防水层 (5)四周卷起 300 mm 高钢筋混凝土楼板	m²	198.91	169.08	33631.7	15423.29
72	011102003006	块料楼地面	楼面 2:防滑地砖楼面 (1)10 mm 厚防滑地砖,白水泥擦缝(规格、尺寸、色彩另定) (2)5 mm 厚 1:1水泥细砂浆结合层 (3)20 mm 厚 1:3水泥砂浆找坡找平	m²	65.08	169.08	11003.73	5046.02
	A.11.5	踢脚线					86951.05	
73	011105001001	水泥砂浆踢脚线	踢脚 3:水泥踢脚 H=100 mm (1)6 mm 厚 1:2水泥砂浆罩面压实赶光素水泥浆一道 (2)6 mm 厚 1:3水泥砂浆打底扫毛	m²	12.99	98.82	1283.67	
74	011105001002	水泥砂浆踢脚线	踢脚 3:水泥踢脚 H=100 mm (1)6 mm 厚 1:3水泥砂浆罩面压实赶光素水泥浆一道 (2)6 mm 厚 1:3水泥砂浆打底扫毛	m²	4.76	96.6	459.82	
本页小计							46378.92	20469.31

注:为计取规费等的使用,可在表中增设"其中:定额人工费"。

表-08

分部分项工程和单价措施项目清单与计价表

工程名称：建筑+装饰　　　　　　标段：1 号办公楼　　　　　　第 11 页　共 18 页

序号	项目编码	项目名称	项目特征描述	计量单位	工程量	金额（元）		
						综合单价	综合合价	其中：暂估价
75	011105002001	石材踢脚线	踢脚2：大理石踢脚 H=100 mm (1)20 mm 厚大理石板,稀水泥浆擦缝 (2)20 mm 厚 1:3水泥砂浆灌缝	m²	28.88	573.44	16560.95	12546.63
76	011105002002	石材踢脚线	踢脚2：大理石踢脚 H=100 mm (1)20 mm 厚大理石板,稀水泥浆擦缝 (2)20 mm 厚 1:2水泥砂浆灌缝	m²	7.22	573.55	4141.03	3137.31
77	011105003001	块料踢脚线	踢脚 1：地砖踢脚 H=100 mm (1)100 mm 高地砖（颜色同楼地面） (2)6 mm 厚 1:1水泥砂浆粉面压实抹光 (3)12 mm 厚 1:3水泥砂浆打底	m²	85.26	622.84	53103.34	40794.79
78	011105003002	块料踢脚线	踢脚 1：地砖踢脚 H=100 mm (1)100 mm 高地砖（颜色同楼地面） (2)6 mm 厚 1:2水泥砂浆粉面压实抹光 (3)12 mm 厚 1:3水泥砂浆打底	m²	20.31	561.41	11402.24	8759.65
	A.11.7	台阶装饰					8431.03	
			本页小计				85207.56	65238.38

注：为计取规费等的使用，可在表中增设"其中：定额人工费"。

表-08

分部分项工程和单价措施项目清单与计价表

工程名称:建筑+装饰　　　　　标段:1号办公楼　　　　　

序号	项目编码	项目名称	项目特征描述	计量单位	工程量	金额(元)		
						综合单价	综合合价	其中:暂估价
79	011107001001	石材台阶面	(1)20 mm 厚花岗岩板铺面,正、背面及四周满涂防污剂,稀水泥浆擦缝 (2)撒素水泥面(洒适量清水) (3)30 mm 厚 1:4硬性水泥砂浆黏结层 (4)素水泥浆一道(内掺建筑胶) (5)100 mm 厚 C15混凝土,台阶面向外坡1% (6)300 mm 厚 3:7灰土垫层分两步夯实 (7)素土夯实	m²	11.52	731.86	8431.03	3894.69
	A.12	墙、柱面装饰与隔断、幕墙工程					1617584.59	
	A.12.1	墙面抹灰					251276.14	
80	011201001001	墙面一般抹灰	墙裙 1:大理石板墙裙 (1)6 mm 厚 1:0.5:2.5 水泥石灰膏砂浆罩面 (2)8 mm 厚 1:3水泥砂浆打底扫毛划出纹道 (3)素水泥浆一道甩毛(内掺建筑胶)	m²	14.4	34.59	498.1	
81	011201001002	墙面一般抹灰	内墙1:涂料墙面1.15 mm 厚 1:3:9水泥石灰砂浆打底	m²	5029.79	32.35	162713.71	
			本页小计				171642.84	3894.69

注:为计取规费等的使用,可在表中增设"其中:定额人工费"。

表-08

分部分项工程和单价措施项目清单与计价表

工程名称：建筑+装饰　　　　　　标段：1号办公楼　　　　　　第 13 页　共 18 页

序号	项目编码	项目名称	项目特征描述	计量单位	工程量	金额（元）		
						综合单价	综合合价	其中：暂估价
82	011201001003	墙面一般抹灰	外墙1：面砖外墙 （1）热镀锌钢丝网专用黏结层 （2）20 mm 厚 1:3水泥砂浆找平，内掺3%防水剂 （3）刷界面处理剂一道	m²	1114.78	64.74	72170.86	
83	011201001004	墙面一般抹灰	外墙2：干挂大理石外墙 （1）镀锌钢丝网锚固件卡紧 （2）12 mm 厚 1:3聚合物水泥防水砂浆找平 （3）刷界面处理剂一道	m²	98.41	62.32	6132.91	
84	011201001005	墙面一般抹灰	外墙3：涂料外墙 （1）20 mm 厚混合砂浆 （2）8 mm 厚防裂抗渗剂砂浆防护面层 （3）20 mm 厚 1:3水泥砂浆找平层 （4）满布 0.3 mm 钢丝网	m²	77.91	125.28	9760.56	
	A.12.4	墙面块料面层					1366308.45	
85	011204001001	石材墙面	外墙2：干挂大理石外墙 （1）石材开槽固定于不锈钢挂件上 （2）固定不锈钢挂件	m²	98.41	8886.73	874543.1	28501.09
86	011204001002	石材墙面	墙裙1：大理石板墙裙 （1）稀水泥浆擦缝 （2）贴 10 mm 厚大理石板，正、背面及四周边满刷防污剂 （3）素水泥浆一道	m²	14.63	476.92	6977.34	4236.4
				本页小计			969584.77	32737.49

注：为计取规费等的使用，可在表中增设"其中：定额人工费"。

表-08

分部分项工程和单价措施项目清单与计价表

工程名称:建筑+装饰　　　　　　标段:1号办公楼　　　　　　第 14 页　共 18 页

序号	项目编码	项目名称	项目特征描述	计量单位	工程量	金额(元)		
						综合单价	综合合价	其中:暂估价
87	011204003001	块料墙面	内墙2:瓷砖墙面 (1)8 mm 厚瓷砖白水泥擦缝高度至吊顶上 50 mm (2)6 mm 厚1:0.1:2.5 水泥石灰砂浆结合层 (3)20 mm 厚 1:2.5 水泥砂浆保护层	m²	350.42	364.87	127857.75	89234.29
88	011204003002	块料墙面	外墙1:面砖外墙 (1)墙面砖规格 200 mm×300 mm (2)6 mm 厚 1:0.1:2.5 混合砂浆黏结层 (3)12 mm 厚 1:3水泥砂浆打底抹灰	m²	1114.78	320.18	356930.26	263610.18
	A.13	天棚工程					174073.15	
	A.13.2	天棚吊顶					174073.15	
89	011302001001	吊顶天棚	吊顶1:铝合金条板吊顶 (1)现浇钢筋混凝土楼板 (2)1 mm 厚铝合金板面层 (3)铝合金中龙骨⊥32×24×1.2,中距等于板材宽度 (4)轻钢大龙骨 60×30×1.5(吊点附吊挂),中距 900 mm (5)铝合金横撑⊥32×24×1.2,中距等于板材宽度 (6)A8 钢筋吊杆,双向吊点、中距 900 mm	m²	554.89	139.73	77534.78	
			本页小计				562322.79	352844.47

注:为计取规费等的使用,可在表中增设"其中:定额人工费"。

表-08

分部分项工程和单价措施项目清单与计价表

工程名称:建筑+装饰   标段:1 号办公楼   第 15 页 共 18 页

序号	项目编码	项目名称	项目特征描述	计量单位	工程量	金额(元)		
						综合单价	综合合价	其中:暂估价
90	011302001002	吊顶天棚	吊顶2:矿棉板吊顶 (1)现浇钢筋混凝土楼板 600 mm×600 mm 矿棉板 (2)轻钢中龙骨 19×50×0.5,中距 900 mm (3)A8 钢筋吊杆,双向吊点@ 900~1200 (4)钢筋混凝土板内埋 A6 铁环,双向中短 1000 mm	m²	42.53	124.57	5297.96	
91	011302001003	吊顶天棚	吊顶2:矿棉板吊顶 (1)现浇钢筋混凝土楼板 600 mm×600 mm 矿棉板 (2)轻钢中龙骨 19×50×0.5,中距 900 mm (3)A8 钢筋吊杆,双向吊点@ 900~1200 (4)钢筋混凝土板内埋 A6 铁环,双向中短 1000 mm	m²	381.65	124.09	47358.95	
			本页小计				52656.91	

注:为计取规费等的使用,可在表中增设"其中:定额人工费"。

表-08

分部分项工程和单价措施项目清单与计价表

工程名称:建筑+装饰　　　　　标段:1号办公楼　　　　　第 16 页　共 18 页

序号	项目编码	项目名称	项目特征描述	计量单位	工程量	金额(元)		
						综合单价	综合合价	其中:暂估价
92	011302001004	吊顶天棚	吊顶1:铝合金条板吊顶(高 2900 mm)现浇钢筋混凝土楼板 (1)1 mm 厚铝合金板面层 (2)铝合金中龙骨⊥32×24×1.2,中距等于板材宽度 (3)轻钢大龙骨60×30×1.5(吊点附吊挂),中距 900 mm (4)铝合金横撑⊥32×24×1.2,中距等于板材宽度 (5)A8 钢筋吊杆,双向吊点、中距 900 mm	m²	275.68	139.73	38520.77	
93	011302001005	吊顶天棚	吊顶2:矿棉板吊顶(高 2900 mm) (1)现浇钢筋混凝土楼板 600 mm×600 mm 矿棉板 轻钢中龙骨 19×50×0.5,中距 900 mm (2)A8 钢筋吊杆,双向吊点 @900~1200 (3)钢筋混凝土板内埋 A6 铁环,双向中短 1000 mm	m²	43.2	124.09	5360.69	
	A.14	油漆、涂料、裱糊工程					209905.71	
	A.14.7	喷刷涂料					209905.71	
94	011407001001	墙面喷刷涂料	内墙1:涂料墙面 (1)刷白色内墙涂料 (2)10 mm 厚 1:2水泥砂浆粉面压实抹光 (3)3 mm 厚耐碱玻纤网格布一层	m²	5029.79	25.81	129818.88	
			本页小计				173700.34	

注:为计取规费等的使用,可在表中增设"其中:定额人工费"。

表-08

分部分项工程和单价措施项目清单与计价表

工程名称：建筑+装饰　　　　　　　　　标段：1 号办公楼　　　　　第 17 页　共 18 页

序号	项目编码	项目名称	项目特征描述	计量单位	工程量	金额（元）		
						综合单价	综合合价	其中：暂估价
95	011407001002	墙面喷刷涂料	外墙 3：涂料外墙 外墙涂料	m²	77.91	22.22	1731.16	
96	011407002001	天棚喷刷涂料	天棚 1：抹灰天棚 （1）刷内墙涂料 （2）6 mm 厚 1:1:6 混合砂浆粉面 （3）6 mm 厚 1:3 聚合物水泥砂浆打底 （4）刷素水泥浆一道（内掺水重 3%～5%建筑胶）	m²	1454.84	52.94	77019.23	
97	011407002002	天棚喷刷涂料	天棚 1：抹灰天棚 （1）刷内墙涂料 （2）6 mm 厚 1:1:6 混合砂浆粉面 （3）6 mm 厚 1:3 聚合物水泥砂浆打底 （4）刷素水泥浆一道（内掺水重 3%～5%建筑胶）	m²	24.08	55.5	1336.44	
	A.15	其他装饰工程					41946.59	
	A.15.3	扶手、栏杆、栏板装饰					41946.59	
98	011503001001	金属扶手、栏杆、栏板	900 mm 高不锈钢栏杆	m	86.81	483.2	41946.59	
		补充分部						
		分部分项合计					7578278.09	
		措施项目					750550.02	
99	011701001001	综合脚手架		m²	1	216403.75	216403.75	
100	011701006001	满堂脚手架		m²	2776.85	19.9	55259.32	
101	011702001001	基础 模板		m²	78.64	98.29	7729.53	
102	011702001002	基础 模板		m²	21.04	226.79	4771.66	
103	011702001003	基础 模板		m²	48.23	182.62	8807.76	
104	011702002001	矩形柱 模板		m²	940.97	77.64	73056.91	
105	011702002002	矩形柱 模板		m²				
		本页小计					488062.35	

注：为计取规费等的使用，可在表中增设"其中：定额人工费"。

表-08

分部分项工程和单价措施项目清单与计价表

工程名称:建筑+装饰　　　　　标段:1号办公楼　　　　　第 18 页　共 18 页

序号	项目编码	项目名称	项目特征描述	计量单位	工程量	金额(元)		
						综合单价	综合合价	其中:暂估价
106	011702003001	构造柱 模板		m²	194.7	93.73	18249.23	
107	011702006001	矩形梁 模板		m²	20.6	84.49	1740.49	
108	011702008001	圈梁 模板		m²	108.57	69.1	7502.19	
109	011702009001	过梁 模板		m²	96.74	91.78	8878.8	
110	011702011001	直形墙 模板		m²	531.9	56.01	29791.72	
111	011702012001	弧形墙 模板		m²	24.23	81.81	1982.26	
112	011702013001	短肢剪力墙、电梯井壁 模板		m²	335.96	58.12	19526	
113	011702014001	有梁板 模板		m²	3273.39	69.61	227860.68	
114	011702014002	有梁板 模板		m²	720.78	69.72	50252.78	
115	011702024001	楼梯 模板		m²	16.54	203.33	3363.08	
116	011702024002	楼梯 模板		m²	65.33	203.39	13287.47	
117	011702025001	其他现浇构件 模板		m²	48.94	34.28	1677.66	
118	011702027001	台阶 模板		m²	11.52	35.48	408.73	
		单价措施合计					750550.02	
		本页小计					384521.09	
		合　计					8328828.11	830128.4

注:为计取规费等的使用,可在表中增设"其中:定额人工费"。

表-08

综合单价分析表

工程名称：建筑＋装饰　　　　标段：1 号办公楼　　　　第 1 页　共 118 页

项目编码	010101001001	项目名称	平整场地	计量单位	m²	工程量	629.18

清单综合单价组成明细

定额编号	定额项目名称	定额单位	数量	单价（元）				合价（元）			
				人工费	材料费	机械费	管理费和利润	人工费	材料费	机械费	管理费和利润
1-98	平整场地	10 m²	0.1402	62.7			23.82	8.79			3.34
综合人工工日			小计					8.79			3.34
0.07993 工日			未计价材料费								
	清单项目综合单价							12.13			

材料费明细	主要材料名称、规格、型号	单位	数量	单价（元）	合价（元）	暂估单价（元）	暂估合价（元）

表-09

总价措施项目清单与计价表

工程名称:建筑+装饰　　　　　　标段:1号办公楼　　　　　　第 1 页　共 2 页

序号	项目编码	项目名称	基数说明	费率(%)	金额(元)	调整费率(%)	调整后金额(元)	备注
1	011707001001	安全文明施工费			284013.04			
1.1	1.1	基本费	分部分项合计+技术措施项目合计-分部分项设备费-技术措施项目设备费-税后独立费	3.1	258193.67			
1.2	1.2	增加费	分部分项合计+技术措施项目合计-分部分项设备费-技术措施项目设备费-税后独立费	0				
1.3	1.3	扬尘污染防治增加费	分部分项合计+技术措施项目合计-分部分项设备费-技术措施项目设备费-税后独立费	0.31	25819.37			
2	011707002001	夜间施工	分部分项合计+技术措施项目合计-分部分项设备费-技术措施项目设备费-税后独立费	0				
3	011707003001	非夜间施工照明	分部分项合计+技术措施项目合计-分部分项设备费-技术措施项目设备费-税后独立费	0				在计取非夜间施工照明费时,建筑工程、仿古工程、修缮土建部分仅地下室(地宫)部分可计取;单独装饰、安装工程、园林绿化工程、修缮安装部分仅特殊施工部位内施工项目可计取
4	011707004001	二次搬运	分部分项合计+技术措施项目合计-分部分项设备费-技术措施项目设备费-税后独立费	0				
5	011707005001	冬雨季施工	分部分项合计+技术措施项目合计-分部分项设备费-	0				

编制人(造价人员):　　　　　　　　　　　　　　复核人(造价工程师):

表-11

总价措施项目清单与计价表

工程名称：建筑+装饰　　　　　　标段：1号办公楼　　　　　　第 2 页　共 2 页

序号	项目编码	项目名称	基数说明	费率（%）	金额（元）	调整费率（%）	调整后金额（元）	备注
			技术措施项目设备费-税后独立费					
6	011707006001	地上、地下设施、建筑物的临时保护设施	分部分项合计+技术措施项目合计-分部分项设备费-技术措施项目设备费-税后独立费	0				
7	011707007001	已完工程及设备保护	分部分项合计+技术措施项目合计-分部分项设备费-技术措施项目设备费-税后独立费	0				
8	011707009001	赶工措施	分部分项合计+技术措施项目合计-分部分项设备费-技术措施项目设备费-税后独立费	0				
9	011707010001	按质论价	分部分项合计+技术措施项目合计-分部分项设备费-技术措施项目设备费-税后独立费	0				
10	011707011001	住宅分户验收	分部分项合计+技术措施项目合计-分部分项设备费-技术措施项目设备费-税后独立费	0				在计取住宅分户验收时，大型土石方工程、桩基工程和地下室部分不计入计费基础
11	011707012001	建筑工人实名制	分部分项合计+技术措施项目合计-分部分项设备费-技术措施项目设备费-税后独立费	0				建筑工人实名制设备由建筑工人工资专用账户开户银行提供的，建筑工人实名制费用按表中费率乘以0.5系数计取
12	011707008001	临时设施	分部分项合计+技术措施项目合计-分部分项设备费-技术措施项目设备费-税后独立费	0				
		合　　计			284013.04			

编制人（造价人员）：　　　　　　　　　　　　　复核人（造价工程师）：

表-11

其他项目清单与计价汇总表

工程名称:建筑+装饰　　　　　　　　　标段:1号办公楼　　　　　　　第 1 页 共 1 页

序号	项目名称	金额(元)	结算金额(元)	备注
1	暂列金额	1000000		明细详见表-12-1
2	暂估价	800000		
2.1	材料(工程设备)暂估价	—		明细详见表-12-2
2.2	专业工程暂估价	800000		明细详见表-12-3
3	计日工	11160		明细详见表-12-4
4	总承包服务费			明细详见表-12-5
5	索赔与现场签证			明细详见表-12-6
	合　计	1811160		

表-12

材料（工程设备）暂估单价及调整表

工程名称：建筑+装饰　　　　　　标段：1号办公楼　　　　　　第 1 页　共 1 页

序号	材料编码	材料（工程设备）名称、规格、型号	计量单位	数量		暂估（元）		确认（元）		差额±（元）		备注
				暂估	确认	单价	合价	单价	合价	单价	合价	
1	06650101@1	同质地砖	m²	1800.78634		75.42	135815.31					
2	06612143	墙面砖 200 mm×300 mm	m²	1142.65114		230.7	263609.62					
3	06530100@1	玻璃马赛克	m²	155.13774		319.42	49554.1					
4	07112130	石材块料面板	m²	977.31433		283.93	277488.86					
5	06612147	墙面砖 300 mm×600 mm	m²	359.17845		248.44	89234.29					
6	07112112	花岗石地坪石 600 mm×400 mm×120 mm	m²	41.6882		346.04	14425.78					
	合　计						830127.96					

表-12-2

规费、税金项目清单与计价表

工程名称：建筑+装饰　　　　　　标段：1号办公楼　　　　　第 1 页　共 1 页

序号	项目名称	计算基础	计算基数	计算费率（％）	金额（元）
1	规费	社会保险费+住房公积金+环境保护税			399239.25
1.1	社会保险费	分部分项工程+措施项目+其他项目-分部分项设备费-技术措施项目设备费-税后独立费	10424001.15	3.2	333568.04
1.2	住房公积金	分部分项工程+措施项目+其他项目-分部分项设备费-技术措施项目设备费-税后独立费	10424001.15	0.53	55247.21
1.3	环境保护税	分部分项工程+措施项目+其他项目-分部分项设备费-技术措施项目设备费-税后独立费	10424001.15	0.1	10424
2	税金	分部分项工程+措施项目+其他项目+规费-（甲供材料费+甲供主材费+甲供设备费）/1.01-税后独立费	10195280.26	9	917575.22
	合　计				1316814.47

表-13

发包人提供材料和工程设备一览表

工程名称:建筑+装饰　　　　　　标段:1号办公楼　　　　　第 1 页　共 1 页

序号	材料(工程设备)名称、规格、型号	单位	数量	单价(元)	合价(元)	交货方式	送达地点	备注
1	C15 预拌混凝土(泵送)	m³	108.30426	427.44	46293.57			
2	C25 预拌混凝土(泵送)	m³	6.38877	456.58	2916.98			
3	C30 预拌混凝土(泵送)	m³	1254.64665	466.29	585029.19			

表-20